上海市工程建设规范

建筑起重机械安全检验与评估标准

Inspection and assessment standard for safety of building crane

DG/TJ 08—2080—2021
J 11789—2021

主编单位:上海市建筑科学研究院有限公司
批准部门:上海市住房和城乡建设管理委员会
施行日期:2021 年 8 月 1 日

U0323223

同济大学出版社

2021 上海

图书在版编目(CIP)数据

建筑起重机械安全检验与评估标准 / 上海市建筑科学研究院有限公司主编. —上海:同济大学出版社,2021.9

ISBN 978-7-5608-9856-8

Ⅰ.①建… Ⅱ.①上… Ⅲ.①起重机械-安全检查-评价标准 Ⅳ.①TH210.8-34

中国版本图书馆 CIP 数据核字(2021)第 152298 号

建筑起重机械安全检验与评估标准

上海市建筑科学研究院有限公司　主编

策划编辑　张平官

责任编辑　朱　勇

责任校对　徐春莲

封面设计　陈益平

出版发行　同济大学出版社　　www.tongjipress.com.cn
　　　　　(地址:上海市四平路 1239 号　邮编:200092　电话:021-65985622)

经　　销　全国各地新华书店

印　　刷　浦江求真印务有限公司

开　　本　889mm×1194mm　1/32

印　　张　4

字　　数　108 000

版　　次　2021 年 9 月第 1 版　　2021 年 9 月第 1 次印刷

书　　号　ISBN 978-7-5608-9856-8

定　　价　40.00 元

上海市住房和城乡建设管理委员会文件

沪建标定〔2021〕86号

上海市住房和城乡建设管理委员会
关于批准《建筑起重机械安全检验与评估标准》
为上海市工程建设规范的通知

各有关单位：

由上海市建筑科学研究院有限公司主编的《建筑起重机械安全检验与评估标准》，经我委审核，现批准为上海市工程建设规范，统一编号为DG/TJ 08—2080—2021，自2021年8月1日起实施。原《建筑起重机械安全检验与评估规程》DG/TJ 08—2080—2010同时废止。

本规范由上海市住房和城乡建设管理委员会负责管理，上海市建筑科学研究院有限公司负责解释。

特此通知。

上海市住房和城乡建设管理委员会
二〇二一年二月十日

前　言

根据上海市住房和城乡建设管理委员会《关于印发〈2018 年上海市工程建设规范、建筑标准设计编制计划〉的通知》(沪建标定〔2017〕898 号)的要求,上海市建筑科学研究院有限公司会同上海市建设工程安全质量监督总站、上海市建工设计研究总院有限公司、杭州聚声科技有限公司对原上海市工程建设规范《建筑起重机械安全检验与评估规程》DG/TJ 08—2080—2010 进行了修订。

修订组在本标准修订过程中,广泛调查和总结了原规程执行情况,对相关标准的更新变化情况进行了跟踪,并对本市建筑起重机械的检验评估现状和难点、要点进行了多次探讨研究,在此基础上又以多种方式,广泛征求了本市建筑起重机械使用、管理、设计制造、检验等有关专家和单位的意见,通过反复论证研究后定稿。

本标准的主要内容有:总则;术语和符号;基本规定;塔式起重机安全检验;施工升降机安全检验;流动式起重机安全检验;塔式起重机安全评估;施工升降机安全评估;流动式起重机安全评估;报告与标识。

本次修订的主要内容包括:补充检验评估人员的资格、检验评估影像资料规定,并对检验评估现场资料的要求进行修订;补充货用施工升降机及汽车起重机的检验与评估方法,其余机型的检验评估条款根据现行标准和检验评估实践作了修订完善;对报告内容的规定进行修订,并补充电子化报告的要求;其他原有章节的内容也结合当前技术发展、相关标准的变更、检验与评估实践成果进行了修订、扩充和深化。

各单位及相关人员在本标准执行过程中,请注意总结经验,积累资料,并将有关意见和建议反馈至上海市住房和城乡建设管理委员会(地址:上海市大沽路 100 号;邮编:200003;E-mail:shjsbzgl@163.com),或上海市建筑科学研究院有限公司(地址:上海市申富路 568 号 11 号楼 407 室;邮编:201108;E-mail:zhengjun@sribs.com),上海市建筑建材业市场管理总站(地址:上海市小木桥路 683 号;邮编:200032;E-mail:shgcbz@163.com),以供今后修订时参考。

主 编 单 位:上海市建筑科学研究院有限公司

参 编 单 位:上海市建设工程安全质量监督总站
上海市建工设计研究总院有限公司
杭州聚声科技有限公司

主要起草人:郑　军　王纲居　王云飞　陈爱华　穆铭豪
颜元和　施仁华　邓　阁　虞雷波　徐伟锋

主要审查人:何振础　黄　毅　曹德雄　陈丽锋　王亚琦
隋文科　汤坤林

上海市建筑建材业市场管理总站

目　次

1 总　　则 ……………………………………………………… 1

2 术语和符号 …………………………………………………… 2

　2.1 术　语 …………………………………………………… 2

　2.2 符　号 …………………………………………………… 3

3 基本规定 ……………………………………………………… 4

4 塔式起重机安全检验 ………………………………………… 6

　4.1 一般规定 ………………………………………………… 6

　4.2 检验内容 ………………………………………………… 6

　4.3 整机评定 ………………………………………………… 13

5 施工升降机安全检验 ………………………………………… 15

　5.1 一般规定 ………………………………………………… 15

　5.2 人货两用施工升降机检验 ……………………………… 15

　5.3 货用施工升降机检验 …………………………………… 20

　5.4 整机评定 ………………………………………………… 25

6 流动式起重机安全检验 ……………………………………… 26

　6.1 一般规定 ………………………………………………… 26

　6.2 履带起重机检验 ………………………………………… 26

　6.3 汽车起重机检验 ………………………………………… 30

　6.4 整机评定 ………………………………………………… 34

7 塔式起重机安全评估 ………………………………………… 35

　7.1 一般规定 ………………………………………………… 35

　7.2 解体检查 ………………………………………………… 35

　7.3 运行试验 ………………………………………………… 41

　7.4 整机评定 ………………………………………………… 42

8 施工升降机安全评估 ·············· 44

   8.1 一般规定 ·············· 44

   8.2 解体检查 ·············· 44

   8.3 运行试验 ·············· 49

   8.4 整机评定 ·············· 50

9 流动式起重机安全评估 ·············· 52

   9.1 一般规定 ·············· 52

   9.2 解体检查 ·············· 52

   9.3 运行试验 ·············· 57

   9.4 整机评定 ·············· 57

10 报告与标识 ·············· 59

附录 A 建筑起重机械常用检验仪器 ·············· 60

附录 B 塔式起重机安全检验项目 ·············· 61

附录 C 人货两用施工升降机安全检验项目 ·············· 65

附录 D 货用施工升降机安全检验项目 ·············· 69

附录 E 履带起重机安全检验项目 ·············· 72

附录 F 汽车起重机安全检验项目 ·············· 75

附录 G 塔式起重机解体检查内容与要求 ·············· 78

附录 H 塔式起重机运行试验内容与要求 ·············· 81

附录 J 施工升降机解体检查内容与要求 ·············· 82

附录 K 施工升降机运行试验内容与要求 ·············· 84

附录 L 流动式起重机解体检查内容与要求 ·············· 85

附录 M 流动式起重机运行试验内容与要求 ·············· 87

本标准用词说明 ·············· 88

引用标准名录 ·············· 89

条文说明 ·············· 91

Contents

1 General provisions ·· 1
2 Terms and symbols ·· 2
   2.1 Terms ··· 2
   2.2 Symbols ··· 3
3 Basic requirements ·· 4
4 Safety inspection for tower crane ······················· 6
   4.1 General requirements ····································· 6
   4.2 Inspection contents ······································ 6
   4.3 Judgement rules ·· 13
5 Safety inspection for building hoist ·················· 15
   5.1 General requirements ··································· 15
   5.2 Inspection for personal and material hoist ··········· 15
   5.3 Inspection for material hoist ························· 20
   5.4 Judgement rules ·· 25
6 Safety inspection for mobile crane ··················· 26
   6.1 General requirements ··································· 26
   6.2 Inspection for crawler crane ························· 26
   6.3 Inspection for vehicle crane ························· 30
   6.4 Judgement rules ·· 34
7 Safety assessment for tower crane ··················· 35
   7.1 General requirements ··································· 35
   7.2 Decomposition inspection ····························· 35
   7.3 Operation test ·· 41
   7.4 Judgement rules ·· 42

8 Safety assessment for building hoist ·························· 44

   8.1 General requirements ································· 44

   8.2 Decomposition inspection ·························· 44

   8.3 Operation test ······································· 49

   8.4 Judgement rules ····································· 50

9 Safety assessment code for mobile crane ················· 52

   9.1 General requirements ······························ 52

   9.2 Decomposition inspection ·························· 52

   9.3 Operation test ······································· 57

   9.4 Judgement rules ····································· 57

10 Report and marker ···································· 59

Appendix A General inspection devices for building
           crane ·· 60

Appendix B Safety inspection items for tower crane ······ 61

Appendix C Safety inspection items for personal and
           material hoist ······························ 65

Appendix D Safety inspection items for material hoist ······ 69

Appendix E Safety inspection items for crawler crane ······ 72

Appendix F Safety inspection items for vehicle crane ······ 75

Appendix G Inspection contents and requirements for
           decomposed tower crane ···················· 78

Appendix H Contents and requirements of operation test
           for tower crane ····························· 81

Appendix J Inspection contents and requirements for
           decomposed building hoist ·················· 82

Appendix K Contents and requirements of operation test
           for building hoist ·························· 84

Appendix L Inspection contents and requirements for
           decomposed mobile crane ················· 85

Appendix M Contents and requirements of operation test
          for mobile crane ·································· 87
Explanation of wording in this standard ······················· 88
List of quoted standards ····································· 89
Explanation of provisions ···································· 91

1 总　则

1.0.1　为加强建筑起重机械的安全管理,规范建筑起重机械安全检验和评估方法,制定本标准。

1.0.2　本标准适用于房屋建筑工地和市政工程工地使用的塔式起重机、施工升降机和流动式起重机的安全检验和评估。

1.0.3　建筑起重机械安全检验与评估除应符合本标准外,尚应符合国家、行业和本市现行有关标准的规定。

2 术语和符号

2.1.1 安全检验 safety inspection

对安装、使用的建筑起重机械的结构及零部件、安全装置、电气系统、整机运行状况等按本标准要求进行检查与测量，并判断其合格、整改合格与不合格的活动（以下简称检验）。

2.1.2 安全评估 safety assessment

对建筑起重机械结构及零部件的磨损、腐蚀、裂纹、变形等损伤情况及整机运行状况按本标准要求进行检查与测量，并判断其合格、降级使用与不合格的活动（以下简称评估）。

2.1.3 重要结构件 dominant member

其失效将导致相关构件失效，并危及建筑起重机械安全的结构件。

2.1.4 一般结构件 common member

其失效不会导致重要构件失效，不直接影响建筑起重机械强度与稳定性的构件。

2.1.5 降级使用 degrade application

建筑起重机械经评估后，因结构、零部件或运行性能不符合本标准、有关标准或原设计要求，必须降低使用技术参数或限制相关使用功能的情况。降级使用分为轻度降级使用与重度降级使用两种。

2.2 符　号

2.2.1 磨损腐蚀率

Δ——磨损腐蚀率,简称磨蚀率,指磨损腐蚀尺寸占原尺寸的百分比。

2.2.2 误差

δ_1——直线度误差,指金属结构杆件轴线偏离中心线的最大值与杆件长度的比值;

δ_2——对角线误差,指构件方形或矩形平面或截面的两对角线长度测量值之差与设计值之比;

δ_3——平行度误差,指以一构件轴线为基准,平行于该基准、与评价方向垂直且包含被测轴线的距离最近的两个平面之间的距离。

3 基本规定

3.0.1 建筑起重机械检验应符合下列规定：

 1 检验委托单位应提供以下资料供检验机构核查：

  1) 产权登记证明、产品使用说明书以及产品合格证明。

  2) 专项施工方案及安装自检记录。

  3) 基础、附着装置等隐蔽工程的验收证明，预埋节、锚脚（地脚螺栓）等预制钢构件的出厂合格证。

  4) 涉及超过一定规模的危险性较大的分部分项工程，应有专项施工方案及论证报告。

 2 建筑起重机械检验项目，根据其重要性和危险程度分为保证项目和一般项目。检验结论分为合格、整改合格和不合格三种。在检验报告中应明确整机检验结果及判断标准。

3.0.2 建筑起重机械评估应符合下列规定：

 1 评估委托单位应提供以下资料供检验机构核查：

  1) 产权登记证明。

  2) 制造许可证、产品合格证、产品说明书等出厂文件。

  3) 历次检验及安全评估报告。

  4) 维护保养记录、维修记录、历次大修改造记录、事故情况及处理记录等。

  5) 需要时应提供型式检验报告、有关设计资料。

  6) 设备购买合同。

 2 建筑起重机械评估的主要内容包括解体检查、运行试验及整机评定。

  1) 解体检查包括结构、机械主要零部件、安全装置及电气系统的检查。解体检查的重点是结构，在进行全面目测检查的基础上,按本标准要求检查其腐蚀、磨损、裂纹、变形等情况。机械主要零部件、安全装置及电气系统检查的重点是外观状态。

2）运行试验应包括试验前检查及载荷试验,需要时应进行结构应力测试。运行试验主要检查机构、安全装置的运行状况及整机承载能力。在同一台设备上发现使用不同批次构件的,禁止进行评估。

3）整机评定结论分为合格、降级使用和不合格三种,应在综合设备检测检查情况的基础上确定。

3.0.3 建筑起重机械安全检验与评估机构的从业人员应经过培训考核合格后方可从事检验、评估工作。涉及特种设备检验的机构应经负责特种设备安全监督管理的部门核准,人员应取得检验、检测人员资格。

3.0.4 建筑起重机械检验与评估时应如实记录检验检测数据与信息,对重要部位、节点等进行拍照、摄像,保证检验与评估工作具有可追溯性。

3.0.5 建筑起重机械检验与评估用仪器应满足需要,仪器功能应正常,且经检定/校准合格。常用仪器见本标准附录 A。

4 塔式起重机安全检验

4.1　一般规定

4.1.1 塔式起重机(以下简称塔机)检验环境应满足以下条件：

　1　风速不应大于 8.3 m/s,进行塔身垂直度检测时风速不应大于 3.0 m/s。

　2　环境温度应在−15 ℃～+40 ℃之间。

　3　应无雨雪等影响检验的气候条件。

4.1.2 检验样机应装配完整,能正常运行。

4.1.3 检验现场应有必要的配合人员、物品及设施。

4.2　检验内容

4.2.1 环境与标识保证项目的检验应符合下列规定：

　1　目测检查塔机产权登记证及产品标牌,应设置在规定位置。

　2　施工现场人员实际操作,检验人员目测检查塔机与相邻塔机、塔机与建筑物、塔机与输电线之间的距离,必要时测量或查阅相关施工资料。两台塔机之间的最小架设距离应保证处于低位塔机的起重臂端部与另一台塔机的塔身之间至少有 2 m 的距离;处于高位塔机的最低位置的部件(吊钩升至最高点、平衡重的最低部位或起升钢丝绳最大下垂位置)与低位塔机中处于最高位置部件之间的垂直距离不应小于 2 m;塔机运动部分与建筑物及建筑物外围施工设施之间的安全距离不应小于 0.6 m;有架空输电线的场合,塔机的任何部位与输电线的安全距离应符合表4.2.1的要求。目测检查塔机状况,塔机回转部分在非工作状态下应能自由旋转。

如施工现场无法保证安全距离,应由委托单位采取有效的安全措施。

表 4.2.1　输电线电压与塔机安全距离规定

安全距离 (m)	电压(kV)				
	<1	1～15	20～40	60～110	220
沿垂直方向	1.5	3.0	4.0	5.0	6.0
沿水平方向	1.0	1.5	2.0	4.0	6.0

4.2.2　金属结构件保证项目的检验应符合下列规定:目测检查塔身节(基础节、加强节、标准节)、回转支承平台、塔顶、起重臂、平衡臂、拉杆、爬升套架、小车、司机室及其连接构件、附着装置、行走底盘等重要结构件,不得有可见裂纹、严重变形、严重磨损或严重腐蚀,且应使用原制造厂部件;目测变形、磨损、腐蚀,较严重时应采用探伤仪、测厚仪等测量器具测取缺陷程度量值,与原设计值比对,并依据有关标准作出判断。

4.2.3　金属结构件一般项目的检验应符合下列规定:

　　1　抽检重要结构件螺栓连接,应齐全、紧固、有防松措施,规格符合产品说明书的规定,高强度螺栓应有强度等级标记。必要时,可用扭矩扳手检查螺栓的紧固情况。同类构件中采用相同螺栓连接件的,应无不同螺距混用的情况。

　　2　目测检查重要结构件销轴连接及轴端固定,应可靠。

　　3　目测检查通道、平台、栏杆、踏板,必要时测量,应无严重锈蚀或缺损,栏杆高度不应低于1m。

　　4　目测检查梯子、护圈、休息平台,应无破损与严重变形,并按现行国家标准《塔式起重机安全规程》GB 5144中的规定设置。

　　5　在空载、风速小于3m/s的状态下,塔机起重臂转至测量方向,从两个相互垂直的方向测量塔身轴心线侧向垂直度,独立塔身或最高附着点以上的塔身段轴心线对支承面的侧向垂直度允许偏差不应大于 4/1 000,最高附着点以下的塔身段轴心线对支承面的侧向垂直度允许偏差不应大于 2/1 000。

4.2.4 顶升与回转机构保证项目的检验应符合下列规定:

1 目测检查,顶升油缸应装有可靠的平衡阀或液压锁,平衡阀或液压锁必须直接安装在油缸上或使用硬管与油缸连接。

2 目测检查,爬升式塔机爬升支撑装置应有直接作用于其上的预定工作位置锁定装置。

4.2.5 顶升与回转机构一般项目的检验应符合下列规定:目测检查无中央集电环装置的回转机构,应设置回转限位器,施工现场人员实际操作,正反两个方向的总共最大回转圈数不应超过3圈。

4.2.6 吊钩保证项目的检验应符合下列规定:

1 目测检查钩体结构,必要时测量并与原设计值比较,吊钩整体应无可见裂纹、折叠、过烧及补焊痕迹;挂绳处断面磨损量不应大于原截面高度的 10%;吊钩的开口度不应大于原尺寸的 15%。

2 目测检查吊钩心轴,外观应完整,且应固定可靠。

4.2.7 吊钩一般项目的检验应符合下列规定:

1 目测检查并手动验证防脱钩保险装置,应设置且有效。

2 目测检查吊钩滑轮钢丝绳防脱装置,装置应完好,必要时测量钢丝绳防脱装置与滑轮最外缘的间隙,与钢丝绳直径之比应小于 20%。

4.2.8 起升机构保证项目的检验应符合下列规定:

1 目测检查起重力矩限制器,应按产品说明书的规定安装。根据产品说明书规定的数值确定采用定幅变码或定码变幅的方式进行吊重试验,由施工现场人员实际操作,检验人员观察塔机运行状况,并测量起重力矩限制器动作时塔机的起吊重量及实际工作幅度。当起重力矩大于相应工况下的额定值并小于该额定值的110％时,应切断上升和幅度增大方向的电源,但机构可作下降和幅度减小方向的运动;对小车变幅且最大变幅速度超过40 m/min的塔机,在小车向外运行,且起重力矩达到额定值的80％时,应能自动切换为不大于40 m/min的速度运行;当起重力矩超过额定起重力矩的90％时,应能向司机发出断续的声光报警信号。

2 施工现场人员向上运行起升机构,检验人员目测检查,必要时测量。对动臂变幅的塔机,当吊钩装置顶部升至起重臂下端的最小距离为800 mm处时,起升高度限位器应能立即停止起升运动;对小车变幅的塔机,吊钩装置顶部至小车架下端的最小距离达到800 mm处时,起升高度限位器应能立即停止起升运动。

3 目测检查起升钢丝绳,必要时测量,不得出现现行国家标准《起重机 钢丝绳 保养、维护、检验和报废》GB/T 5972规定的报废情况;测量钢丝绳直径,钢丝绳规格应符合产品说明书的要求。

4.2.9 起升机构一般项目的检验应符合下列规定:

1 目测检查起重量限制器,应按产品说明书的规定安装。由施工现场人员实际操作,检验人员观察塔机运行状况,并测量起重量,当起重量大于最大额定起重量且小于110％最大额定起重量时,应停止上升方向动作,但应有下降方向动作;具有多挡变速的起升机构,限制器应对各挡位具有防超载作用。

2 施工现场人员实际操作起升机构,检验人员目测检查起升钢丝绳余留圈数,起升钢丝绳在放出最大工作长度后,卷筒上最少余留圈数不应少于3圈。

3 目测检查起升滑轮钢丝绳防脱装置,必要时测量,起升滑轮钢丝绳防脱装置应完好,防脱装置与滑轮最外缘的间隙与钢丝绳直径之比应小于20％。

4 施工现场人员实际操作,将吊钩起升至最大高度位置,检验人员测量卷筒两侧边缘高度,最外层起升钢丝绳至卷筒两侧外缘高度不应小于起升钢丝绳直径的 2 倍。

5 目测检查起升钢丝绳端部固定,起升钢丝绳端部应有防松和闩紧装置。

4.2.10 变幅机构保证项目的检验应符合下列规定:

1 施工现场人员实际操作变幅系统,检验人员目测检查并手动试验幅度限制器,必要时进行测量,对动臂变幅的塔机,应设置幅度限位开关,在臂架到达相应的极限位置前开关动作,停止臂架再往极限方向变幅;对小车变幅的塔机应设置小车行程限位开关和终端缓冲装置。限位开关动作后应保证小车停车时其端部距缓冲装置最小距离为 200 mm。

2 目测检查变幅钢丝绳,必要时测量,不得出现现行国家标准《起重机 钢丝绳 保养、维护、检验和报废》GB/T 5972 规定的报废情况;测量钢丝绳直径,钢丝绳规格应符合产品说明书的要求。

4.2.11 变幅机构一般项目的检验应符合下列规定:

1 目测检查小车断绳保护装置,应双向设置。

2 目测检查变幅钢丝绳端部固定,变幅钢丝绳端部应有防松和闩紧装置。

3 目测检查变幅滑轮钢丝绳防脱装置,必要时测量,变幅滑轮钢丝绳防脱装置应完好,防脱装置与滑轮最外缘的间隙与钢丝绳直径之比应小于 20%。

4 目测检查小车防坠落装置,小车变幅的塔机应设置。

5 目测检查小车行走端部止挡与缓冲,小车变幅的轨道行程末端应设置止挡装置,并有缓冲器。

6 目测检查检修挂篮,上回转水平臂架的塔机,检修挂篮应连接可靠。

7 目测检查动臂变幅幅度限制装置,动臂式塔机应设置可靠的防臂架后翻的动臂变幅幅度限制装置。

4.2.12 电气及保护保证项目的检验应符合下列规定：

1 施工现场人员实际操作紧急断电开关,检验人员确认,紧急断电开关应为非自行复位形式,且有效、易操作。

2 断开电路电源,测量动力电路和控制电路的对地绝缘电阻不应小于 0.5 MΩ。

4.2.13 电气及保护一般项目的检验应符合下列规定：

1 测量塔机接地电阻值不应大于 4 Ω,重复接地电阻不应大于 10 Ω。

2 目测检查电气专用开关箱,应设置,且应符合现行行业标准《施工现场临时用电安全技术规范》JGJ 46 的要求。

3 施工现场人员实际操作,检验人员确认失压保护装置,在切断供电电源时,系统应能自动断开总电源回路;恢复供电时,未经手动操作,总电源回路不能自行接通。

4 施工现场人员实际操作,检验人员确认零位保护装置,各控制机构均应设有零位保护,在切断机构电源后再恢复供电时,应先将控制器手柄置于零位后,该机构才能启动。

5 施工现场人员实际操作,检验人员确认,应设有能对工作场地起警报作用的声响信号,且发声宜有定向功能。

6 目测检查保护零线,不得作为载流回路,且应接入电控箱。

7 目测检查电源电缆与保护,电源电缆表面应无破损、老化,与金属接触处应用绝缘材料隔离;移动电缆应有电缆卷筒或其他有效防止电缆磨损的措施。

8 目测检查风速仪,臂架根部铰点高度大于 50 m 的塔机应在塔机顶部至吊具最高位置间不挡风处安装风速仪。

4.2.14 基础及轨道保证项目的检验应符合下列规定：

1 目测检查基础形式,必要时进行测量,并查阅产品说明书及有关资料,固定式塔机基础的外形尺寸应符合产品说明书或专项施工方案的要求。

2 施工现场人员实际操作大车,检验人员目测检查行走限位装置,必要时测量,行走式塔机应设置行走限位装置,其触发应使大车制动,且停止后距止挡装置或同一轨道上其他塔机距离应大于 1 m,电缆必须有余量。

4.2.15 基础及轨道一般项目的检验应符合下列规定:

1 目测检查基础预埋件,并查阅产品说明书及部件资料,固走式塔机基础的预埋节、地脚螺栓或锚脚等预埋件应符合出厂要求。

2 目测检查基础排水措施,应能保证基础或轨道路基无积水。

3 目测检查抗风防滑装置,行走式塔机应设置,塔机工作时不应妨碍大车行走。

4 目测检查行走式塔机轨道接地,每条轨道两端应设接地装置,长度超过 30 m 的轨道中间应增设一组接地装置,在钢轨端部接头处应有电气跨接线;至少抽查 2 组接地装置测量接地电阻值,不应大于 4 Ω。

5 目测检查大车轨道端部止挡与缓冲,行走式塔机大车轨道行程末端应设置止挡装置及缓冲器。

6 目测检查轨道接头位置及误差,必要时测量,行走式塔机在轨道接头位置应有轨枕支承,且应无悬空;轨道接头间隙值不应大于 4 mm;轨道接头处高差值不应大于 2 mm;两侧轨道接头的错开距离不应小于 1.5 m。

7 抽查 2~3 处测量轨距拉杆间距及轨距误差,行走式塔机两侧轨间拉杆间距不应大于 6 m;轨距误差不应大于公称值的1/1 000,且绝对值不应大于 6 mm。

4.2.16 可移动司机室或载人升降机保证项目的检验应符合下列规定:施工现场人员实际操作司机室或载人升降机,检验人员目测检查安全锁止装置和上、下限位装置,应设置且有效。

4.2.17 附着装置保证项目的检验应符合下列规定:目测检查附

着杆结构,应无明显变形,焊缝应无裂纹。

4.2.18 附着装置一般项目的检验应符合下列规定:目测检查附着装置结构形式,必要时查阅产品说明书、专项施工方案等资料及进行测量,附着装置结构形式应符合产品说明书的要求,附着杆件与建筑物连接牢固,附着间距正确。当附着装置与产品使用说明书不一致时,应有专项施工方案。

4.2.19 其他部件一般项目的检验应符合下列规定:

1 目测检查钢丝绳穿绕方式、排绳、润滑与干涉,钢丝绳穿绕方式应正确,排绳整齐,润滑良好,且无干涉。

2 施工现场人员实际操作制动器,检验人员目测检查,各机构制动器配备完好,且工作正常。

3 目测检查滑轮,外观应无破损、裂纹及严重磨损。

4 目测检查卷筒,外观应无破损、裂纹及严重磨损。

5 目测检查防护装置,有伤人可能的活动零部件的外露部分应设置防护罩等防护装置。

6 目测检查平衡重、压重,安装连接应可靠,结构无开裂、破损;对照产品说明书检查平衡重或压重的数量、重量标识及位置,应符合要求。

7 目测检查,塔身及平衡臂等部位不得设置影响风载荷的广告牌等非原厂配置构件,休息平台、走道不得存放塔机零件与工具杂物。

8 对于发动机驱动的塔机,由施工现场人员实际运行设备,检验人员检查发动机及其供油、润滑系统,发动机应运转正常,无异常噪声、震颤情况,油管、接头及外壳应无漏油现象。

4.2.20 塔机检验项目可按本标准附录 B 执行。

4.3 整机评定

4.3.1 塔机检验结论判断应符合表 4.3.1 的规定。

表 4.3.1　塔机检验评定

结论	保证项目	一般项目不合格项数	
合格	无不合格项	固定式塔机	行走式塔机
		不大于 4	不大于 5
整改合格	整改一次后达到合格要求		
不合格	整改后未达到合格要求		

4.3.2　根据被检塔机的实际情况,检验机构可提出整改要求或建议。

5 施工升降机安全检验

5.1 一般规定

5.1.1 施工升降机(以下简称升降机)检验环境应满足以下条件:

1 风速应不大于 13 m/s。

2 环境温度应在−20 ℃~+40 ℃之间。

3 应无雨雪等影响检验的气候条件。

5.1.2 检验样机应装配完整,能正常运行。

5.1.3 检验现场应有必要的配合人员、物品及设施。

5.2 人货两用施工升降机检验

5.2.1 标牌与标志保证项目的检验应符合下列规定:目测检查升降机产权登记证及产品标牌,应设置在规定位置。

5.2.2 标牌与标志一般项目的检验应符合下列规定:目测检查,应设置安全操作规程、限载及楼层标志。

5.2.3 围护设施和基础保证项目的检验应符合下列规定:施工现场人员配合检验人员实际操作验证围栏门联锁保护,围栏门应设置机械锁止装置和电气安全开关,其功能应使吊笼只有位于底部规定位置时围栏门才能开启,且在围栏门开启后吊笼不能起动。

5.2.4 围护设施和基础一般项目的检验应符合下列规定:

1 目测检查地面防护围栏,应在吊笼和对重升降通道周围设置,围栏应无缺口或破损等缺陷;测量围栏门高度,由地面至围栏上沿的高度不应低于 1.8 m。

2 目测检查基础,必要时对照相关施工资料,基础应坐落在牢固结构上,表面应无积水现象。

3 目测检查安全防护区,当对重的下方有人可到达的空间时,对重应配备超速安全装置,或采取防止人员进入对重下方的措施。

5.2.5 金属结构件保证项目的检验应符合下列规定:

1 目测检查导轨架、附着装置、底架、吊笼与框架、天轮架等重要结构件,不得有可见裂纹、严重变形、严重磨损或严重腐蚀,且应使用原制造厂部件;目测变形、磨损、腐蚀较严重时,应采用探伤仪、测厚仪等测量器具测取缺陷程度量值,与原设计值比对,并依据有关标准规范作出判断。

2 抽检重要结构件螺栓连接,应齐全、紧固、有防松措施,规格符合产品说明书的规定。必要时,可用扭矩扳手检查螺栓的紧固情况。

3 目测检查重要结构件销轴连接及轴端固定,应可靠。

5.2.6 金属结构件一般项目的检验应符合下列规定:吊笼空载并降至最低位置,分别从平行及垂直于吊笼长度方向测量垂直安装的升降机导轨架轴心线对底座水平基准面的安装垂直度偏差,或倾斜式、曲线式升降机导轨架非倾斜面的垂直度偏差,应符合表 5.2.6 的规定。

表 5.2.6　升降机导轨架架设高度与垂直度偏差规定

导轨架架设高度(m)	$h \leqslant 70$	$70 < h \leqslant 100$	$100 < h \leqslant 150$	$150 < h \leqslant 200$	$h > 200$
垂直度偏差(mm)	不大于导轨架架设高度的 1/1 000	$\leqslant 70$	$\leqslant 90$	$\leqslant 110$	$\leqslant 130$

5.2.7 吊笼及层门保证项目的检验应符合下列规定:目测检查并操作验证吊笼门,应无明显变形及破损,有机械锁止装置和电气安全开关,只有当门完全关闭后,吊笼才能启动。

5.2.8 吊笼及层门保证项目的检验应符合下列规定:

1 目测检查紧急出口并操作验证,吊笼应有紧急出口门且设置电气安全开关,当门打开时吊笼应不能启动,紧急出口门位于吊笼顶部时应配有专用扶梯。

2 目测检查吊笼顶部护栏,应设置,栏杆应完整,无严重锈蚀、缺损;测量栏杆高度,不应低于 1.1 m;测量护栏与吊笼顶板边缘的水平距离,不应大于 0.2 m。

3 目测检查各停层处层门,应设置,层门应完整,无破损与严重变形,层门的构造应符合其启闭过程由吊笼内乘员操作的功能要求且应向平台内侧开启;测量全高度层门的净高度,不应低于 2.0 m;测量侧面防护装置与吊笼或层门之间开口的间距,不应大于 150 mm;测量层门下部间隙,不应大于 35 mm。

5.2.9 传动及导向保证项目的检验应符合下列规定:施工现场人员实际操作,检验人员目测检查,制动器应具备常闭功能,当吊笼断电时,吊笼应能自动停止运行,且无静态下滑现象;当采用两套或两套以上独立传动系统时,每套传动系统均应配备独立的制动器。

5.2.10 传动及导向一般项目的检验应符合下列规定:

1 目测检查制动器手动松闸,应设置。

2 目测检查防护装置,有伤人可能的活动零部件的外露部分应设置防护罩等防护装置。

3 施工现场人员实际操作吊笼,检验人员目测检查导向轮和背轮,应润滑良好,导向灵活,固定螺栓无松动,背轮紧贴可靠,吊笼无明显偏摆。

5.2.11 附着装置一般项目的检验应符合下列规定:

1 目测检查附着装置,其形式应符合基本使用信息标牌所示,必要时查阅产品说明书、专项施工方案等资料并进行测量。当附着装置与产品使用说明书不一致时,应有专项施工方案。

2 目测检查附着装置间距,应符合产品说明书规定要求,必要时测量。

3 目测检查导轨架自由端高度,应符合产品说明书规定要求,必要时测量。

4 目测检查附着装置与构筑物的连接,应符合产品说明书规定要求,连接附着装置与构筑物的隐蔽连接应有隐蔽工程验收手续。

5.2.12 安全装置保证项目的检验应符合下列规定:

1 目测检查防坠安全器,铭牌应清晰完整,检测报告应由第三方检测机构出具,防坠安全器只能在寿命及定期检验的有效期限内使用。防坠安全器必须安装在吊笼或其不间断的刚性延伸件上。

2 目测检查对重钢丝绳防松绳开关,并操作确认,对重钢丝绳防松绳开关应为由钢丝绳相对伸长量控制的非自动复位型开关,且安装正确。

3 目测检查安全钩,其位置应能防止吊笼脱离导轨架或防坠安全器输出端齿轮脱离齿条,连接必须牢固,无变形与缺损。

4 施工现场人员实际操作吊笼,检验人员目测检查上限位,必要时测量。上限位开关应能使以额定速度运行的吊笼在接触到上极限开关前自动停止,触发位置应满足当额定提升速度 v 小于 0.8 m/s 时,留有的上部安全距离不应小于 1.8 m;当额定提升速度 v 大于或等于 0.8 m/s 时,留有的上部安全距离不应小于 $(1.8+0.1v^2)$ m。

5 施工现场人员实际操作吊笼,检验人员目测检查上、下极限开关,应为非自动复位型,其触发元件应与上、下限位开关的触发元件分开,极限开关应能在吊笼与其他机械式阻停装置(如缓冲器)接触前切断动力供应,使吊笼停止。极限开关动作后必须通过手动复位才能使吊笼启动。

5.2.13 安全装置一般项目的检验应符合下列规定:

1 施工现场人员实际操作吊笼,检验人员目测检查下限位开关,应能使以额定速度运行的吊笼在接触到下极限开关前自动停止。

2 施工现场人员实际操作吊笼,检验人员目测检查越程距离,必要时测量,吊笼触发上限位开关制停后,齿轮齿条式施工升降机上限位与上极限开关之间的的越程距离不应小于 0.15 m,钢丝绳式施工升降机不应小于 0.5 m。

3 目测检查超载保护装置,应结构完整,显示正常。

4 目测检查地面进料口防护,地面进料口处应搭设防护棚且应满足防坠物要求,宽度应覆盖进料口。

5.2.14 电气系统保证项目的检验应符合下列规定:

1 目测检查并操作控制面板急停开关,应为非自行复位形式且有效,并设置在便于操作的位置。

2 断开电路电源并测量绝缘电阻,电动机及电气元件(电子元器件部分除外)的对地绝缘电阻不应小于 0.5 MΩ;电气线路的对地绝缘电阻不应小于 1 MΩ。

5.2.15 电气系统一般项目的检验应符合下列规定:

1 测量升降机电动机和电气设备金属外壳重复接地电阻值,不应大于 10 Ω。

2 目测检查电气专用开关箱,应设置,且应符合现行行业标准《施工现场临时用电安全技术规范》JGJ 46 的要求。

3 施工现场人员实际操作,检验人员确认失压保护装置,在切断供电电源时,系统应能自动断开总电源回路;恢复供电时,未经手动操作,总电源回路不能自行接通。

4 施工现场人员实际操作,检验人员确认零位保护装置,在切断电源后再恢复供电时,应先将控制器手柄置于零位后,驱动机构才能启动。

5 目测检查并操作外笼控制箱急停开关,应为非自行复位形式且有效。

6 目测检查操纵按钮指示,应设置。

7 目测检查电气线路,应排列整齐,接地线和零线应分开。

8 目测检查相序保护装置,应接线正确,状态良好。

9 抽检楼层联络装置并操作确认,应设置,并能保证地面及各楼层与吊笼内驾驶员之间的联络通畅。

10 目测检查电缆及导向,电缆外观应无破损,电缆导向架或电缆滑车应按规定设置且导向顺畅、无异常干涉。

5.2.16 对重及其钢丝绳保证项目的检验应符合下列规定:目测检查对重钢丝绳,必要时测量,不得出现现行国家标准《起重机钢丝绳 保养、维护、检验和报废》GB/T 5972 规定的报废情况;测量钢丝绳直径,钢丝绳规格应符合产品说明书的要求。

5.2.17 对重及其钢丝绳一般项目的检验应符合下列规定:

1 目测检查对重安装,应符合产品说明书的要求。

2 施工现场人员实际操作吊笼,检验人员目测检查对重导轨,接缝应平整,导向无干涉,应设置防脱轨保护装置。

3 目测检查钢丝绳端部固定,应符合现行国家标准《吊笼有垂直导向的人货两用施工升降机》GB/T 26557 的要求,不得使用可能损害钢丝绳的末端连接装置,如 U 形螺栓钢丝绳夹。

5.2.18 人货两用施工升降机检验项目可按本标准附录 C 执行。

5.3 货用施工升降机检验

5.3.1 标牌与标志保证项目的检验应符合下列规定:目测检查升降机产权登记证及产品标牌,应设置在规定位置。

5.3.2 标牌与标志一般项目的检验应符合下列规定:目测检查,应设置安全操作规程、限重、禁止乘人安全标志及楼层标志。

5.3.3 金属结构件保证项目的检验应符合下列规定:

1 目测检查导轨架、附着装置、底架、吊笼主框架等重要结构件,不得有可见裂纹、严重变形、严重磨损或严重腐蚀,且应使用原制造厂部件;目测变形、磨损、腐蚀较严重时,应采用探伤仪、测厚仪等测量器具测取缺陷程度量值,与原设计值比对,并依据有关标准规范作出判断。

2 抽检重要结构件螺栓连接,应齐全、紧固、有防松措施,规格符合产品说明书的规定;目测检查重要结构件销轴连接及轴端固定,应可靠。

5.3.4 金属结构件一般项目的检验应符合下列规定:

1 吊笼空载并降至最低位置,分别从平行及垂直于吊笼长度方向测量升降机导轨架轴心线对底座水平基准面的安装垂直度偏差,不应大于 1.5/1 000。

2 目测检查基础,必要时对照相关施工资料,应坐落在牢固结构上,表面应无积水现象。

5.3.5 吊笼一般项目的检验应符合下列规定:

1 目测检查吊笼门并操作验证,应无明显变形及破损,有机械锁止装置和电气安全开关,只有当门完全关闭后,吊笼才能启动。

2 目测检查吊笼顶部及侧面并测量,吊笼顶部应设置顶棚,侧面围护高度不应小于 1.5 m。

3 目测检查吊笼底板,应牢固,无积水,有防滑功能。

5.3.6 附着装置一般项目的检验应符合下列规定:

1 目测检查附着装置结构形式,必要时查阅产品说明书、专项施工方案等资料及进行测量,应符合产品说明书的要求。当附着装置与产品使用说明书不一致时,应有专项施工方案。

2 目测检查附着装置间距,应符合产品说明书规定要求,必要时测量。

3 目测检查导轨架自由端高度,应符合产品说明书规定要求,必要时测量。

4 目测检查附着装置与构筑物的连接,应符合产品说明书规定要求,连接附着装置与构筑物的隐蔽连接应有隐蔽工程验收手续。

5.3.7 钢丝绳传动保证项目的检验应符合下列规定:

1 施工现场人员实际操作制动器,检验人员目测检查,应具备常闭功能,当卷扬机断电时,应能自动停止吊笼运行,且无静态下滑现象。

2 目测检查提升钢丝绳,必要时测量,不得出现现行国家标准《起重机 钢丝绳 保养、维护、检验和报废》GB/T 5972 规定的报废情况;测量钢丝绳直径,钢丝绳规格应符合产品说明书的要求。

5.3.8 钢丝绳传动一般项目的检验应符合下列规定:

1 目测检查提升钢丝绳端部固定,应牢固、可靠,并应符合产品使用说明书的要求。

2 目测检查提升钢丝绳穿绕方式、排绳、润滑与干涉,钢丝绳穿绕方式应正确,排绳整齐,润滑良好,且无干涉。

3 施工现场人员操作吊笼降至最低位置,检验人员目测检查卷筒上的提升钢丝绳余留圈数,不应小于 3 圈。

4 施工现场人员实际操作,将吊笼起升至最大高度位置,检验人员测量卷筒两侧边缘高度,最外层提升钢丝绳至卷筒两侧外缘高度不应小于提升钢丝绳直径的 2 倍。

5 目测卷扬机机架固定,应可靠并符合产品说明书的要求。

6 目测检查联轴器及实际操作确认,应连接可靠,工作正常。

7 目测检查防护装置,有伤人可能的活动零部件的外露部分应设置防护罩等防护装置。

8 目测检查滑轮,外观应无破损、裂纹及严重磨损。

5.3.9 齿轮齿条传动保证项目的检验应符合下列规定:施工现场人员实际操作,检验人员目测检查,制动器应具备常闭功能,当吊笼断电时,应能自动停止吊笼运行,且无静态下滑现象。

5.3.10 齿轮齿条传动一般项目的检验应符合下列规定:

1 目测检查防护装置,有伤人可能的活动零部件的外露部分应设置防护罩等防护装置。

2 目测检查安全钩,其位置应能防止吊笼脱离导轨架或防坠安全器输出端齿轮脱离齿条,连接应牢固,无变形与缺损。

3 施工现场人员实际操作吊笼,检验人员目测检查导向轮和背轮,应润滑良好,导向灵活,固定螺栓无松动,背轮紧贴可靠,吊笼无明显偏摆。

4 目测检查电缆及导向,电缆外观应无破损,电缆导向架或电缆滑车应按规定设置且导向顺畅、无异常干涉。

5.3.11 安全装置保证项目的检验应符合下列规定:

1 对于瞬时式防坠安全器,检验人员应进行吊笼坠落试验,由施工现场人员操作,检验人员确认,吊笼下坠后防坠安全器应工作有效,吊笼及导轨架结构应无损坏;对于渐进式防坠安全器,检验人员应目测检查,防坠安全器铭牌应清晰完整,检测报告应由第三方检测机构出具,防坠安全器只能在寿命及定期检验的有效期限内使用。

2 对于瞬时式防坠安全器,由施工现场人员操作吊笼,检验人员目测检查停层防坠落装置,吊笼上升至层楼停层位置后,打开吊笼出料门,层楼停靠装置应有效。

3 施工现场人员实际操作吊笼,检验人员目测检查上限位,必要时测量,上限位开关应能使以额定速度运行的吊笼在接触到上极限开关前自动停止,触发位置应满足当额定提升速度 v 小于 0.8 m/s 时,留有的上部安全距离不应小于 1.8 m;当额定提升速度 v 大于或等于 0.8 m/s 时,不应小于 $(1.8+0.1v^2)$m。

5.3.12 安全装置一般项目的检验应符合下列规定:

1 抽检并测量楼层层门,各楼层应设置齐全,且不能向外开启,层门高度不应小于 1.8 m。

2 目测检查地面防护围栏及围栏门,基础上吊笼和对重升降通道周围应设置防护围栏;实际操作验证,围栏门应设有电气安全开关,使吊笼在围栏门关闭后才能启动;测量围栏高度,不应小于 1.8 m,测量围栏门开启高度,不应小于 1.8 m。

3 目测检查操作室,应定型化,有防雨、防护功能。

4 目测检查地面进料口防护,进料口处应搭设防护棚且应满足防坠物要求,宽度应覆盖进料口。

5 目测检查超载保护装置,应设置。

6 目测检查缓冲器并对照现场产品标牌等资料,额定载重量超过 400 kg 的升降机应设置吊笼和对重的缓冲器。

7 施工现场人员实际操作吊笼,检验人员目测检查下限位,应能使以额定速度运行的吊笼在接触到下限限开关的自动停止。

5.3.13 电气系统保证项目的检验应符合下列规定:断开电路电源并测量绝缘电阻,电动机及电气元件(电子元器件部分除外)的对地绝缘电阻不应小于 0.5 MΩ;电气线路的对地绝缘电阻不应小于 1 MΩ。

5.3.14 电气系统一般项目的检验应符合下列规定:

1 测量升降机电动机和电气设备金属外壳重复接地电阻值,不应大于 10 Ω。

2 目测检查电气专用开关箱,应设置,且应符合现行行业标准《施工现场临时用电安全技术规范》JGJ 46 的要求。

3 目测检查电气保护及操作确认,应设置漏电、短路、失压、相序及过流保护装置。

4 目测检查控制按钮并操作确认,按钮式应点动控制,手柄操作应有零位保护,不得采用倒顺开关。

5 目测检查急停开关并操作确认,应为非自行复位形式且有效,并设置在便于操作的位置。

6 目测检查携带式操作盒,必要时测量,携带式操作盒引线长度不应大于 5 m,并应采用安全电压。

7 抽检并操作通信装置,应设置,并能保证各楼层与操作人员的联络通畅。

5.3.15 货用施工升降机检验项目可按本标准附录 D 执行。

5.4 整机评定

5.4.1 升降机检验结论判断应符合表 5.4.1 的规定。

表 5.4.1 升降机检验评定

结论	保证项目	一般项目不合格项数	
合格	无不合格项	人货两用升降机	货用升降机
		不大于 3	不大于 4
整改合格	整改一次后达到合格要求		
不合格	整改后未达到合格要求		

5.4.2 根据被检升降机的实际情况,检验机构可提出整改要求或建议。

6 流动式起重机安全检验

6.1.1 流动式起重机(包括履带起重机及汽车起重机)检验环境应满足以下条件:

  1 风速应不大于 8.3 m/s。

  2 履带起重机检验时环境温度应在－20 ℃～＋40 ℃之间,汽车起重机检验时环境温度应在－15 ℃～＋35 ℃之间。

  3 应无雨雪等影响检验的气候条件。

6.1.2 试验场地应坚实,履带起重机检验时地面倾斜度不应大于 5/1 000,汽车起重机检验时地面倾斜度不应大于 1/100。

6.1.3 检验样机应装配完整,能正常运行。

6.1.4 检验现场应有必要的配合人员、物品及设施。

6.2 履带起重机检验

6.2.1 标志一般项目的检验应符合下列规定:

  1 目测检查产品标牌,应设置并固定于明显处。

  2 目测检查起重性能说明文件,应设有额定起重量图表性能标牌或手册、电子版说明文件。

6.2.2 金属结构件保证项目的检验应符合下列规定:目测检查起重臂、回转支承平台、底盘结构、履带架、变幅桅杆等重要结构件,不得有可见裂纹、严重变形、严重磨损或严重腐蚀,且应使用原制造厂部件;目测变形、磨损、腐蚀较严重时应采用探伤仪、测厚仪等量器具测取缺陷程度量值,与原设计值比对,并依据有关标准规范作出判断。

6.2.3 金属结构件一般项目的检验应符合下列规定:

1 抽检重要结构件螺栓连接,应齐全、紧固、有防松措施,规格符合产品说明书的规定,高强度螺栓应有强度等级标记。

2 目测检查重要结构件销轴连接及轴端固定,应可靠。

6.2.4 吊钩保证项目的检验应符合下列规定:

1 目测检查钩体结构,必要时测量并与原设计值比较,吊钩整体应无可见裂纹、折叠、过烧及补焊痕迹;挂绳处断面磨损量不应大于原截面高度的 5%;吊钩的开口度不应大于原尺寸的 10%。

2 目测检查吊钩心轴,外观应完整,且应固定可靠。

6.2.5 吊钩一般项目的检验应符合下列规定:目测检查并手动验证防脱钩保险装置,单钩应设置且有效。

6.2.6 钢丝绳保证项目的检验应符合下列规定:目测检查起升及变幅钢丝绳钢丝绳完好度,必要时测量,不得出现现行国家标准《起重机 钢丝绳 保养、维护、检验和报废》GB/T 5972 规定的报废情况;测量钢丝绳直径,钢丝绳规格应符合产品说明书的要求。

6.2.7 钢丝绳一般项目的检验应符合下列规定:

1 目测检查钢丝绳穿绕方式、排绳、润滑与干涉,钢丝绳穿绕方式应正确,排绳整齐,润滑良好,且无干涉。

2 施工现场人员实际操作起升机构,检验人员目测检查起升钢丝绳余留圈数,起升钢丝绳在放出最大工作长度后,卷筒上最少余留圈数不应少于 3 圈。

3 目测检查钢丝绳端部固定,应有防松和闩紧装置。

6.2.8 卷筒与滑轮一般项目的检验应符合下列规定:

1 施工现场人员实际操作,将吊钩起升至最大高度位置,检验人员测量卷筒两侧边缘的高度,最外层起升钢丝绳至卷筒两侧外缘高度应大于起升钢丝绳直径的 1.5 倍。

2 目测检查卷筒和滑轮外观,应无破损、裂纹及严重磨损。

3 目测检查滑轮上钢丝绳防脱装置,必要时测量,装置应完好,钢丝绳防脱装置与滑轮最外缘的间隙不应大于钢丝绳直径的 1/3 或 10 mm 中较小值。

6.2.9 机构和制动器保证项目的检验应符合下列规定:

1 施工现场人员实际操作,检验人员目测检查起升制动器功能,起升机构起升载荷,在空中停止后,应无静态下滑现象;再次作提升起动,此时载荷在任何提升操作条件下,均不得出现明显反向动作。

2 施工现场人员实际操作,检验人员观察确认变幅制动器功能,用钢丝绳升降起重臂变幅的起重机,其起重臂的起落应依靠动力系统完成。

3 施工现场人员实际操作起升及变幅制动器,检验人员目测检查起升及变幅制动器结构,应为常闭式结构,制动轮与传动机构应为刚性联接。

6.2.10 机构和制动器一般项目的检验应符合下列规定:

1 施工现场人员实际操作回转制动器,检验人员观察确认回转制动器功能,回转机构应具有滑转性能,行走时转台应能锁定。

2 目测检查各制动器部件,其可见部分应无可见裂纹、明显变形、破损及连接松动。

3 目测检查防护装置,有伤人可能的活动零部件的外露部分应设置防护罩等防护装置。

6.2.11 液压系统一般项目的检验应符合下列规定:

1 结合运行操作目测检查油路密封性,在正常工作及试验时,液压系统不应有渗漏油现象。

2 目测检查溢流阀,液压系统应设置。

3 目测检查液压油缸安全装置,承载液压油缸应装有与之刚性连接的液压锁或平衡阀等安全装置。

6.2.12 操纵及电气系统保证项目的检验应符合下列规定:施工现场人员实际操作紧急停止装置,检验人员确认,紧急停止装置应为非自行复位形式,且有效、易操作。

6.2.13 操纵及电气系统一般项目的检验应符合下列规定:

1 检验人员目测检查电气联接,应接触良好、无松脱,导线、线束应固定可靠。

2 施工现场人员实际操作,检验人员确认,控制起重机机构运动的所有控制器均应有零位保护,在切断电源后再恢复供电时,应先将控制器手柄置于零位后,机构才能启动。

3 目测检查操纵手柄、踏板、按钮、指示器及信号装置,应设在便于操作或观测的位置,并在其附近配置清晰的符号及图形标识,说明用途和操纵方向的清楚标志。

4 目测检查警示灯,臂架顶端应设置。

6.2.14 安全装置及设施保证项目的检验应符合下列规定:

1 结合载荷试验确认,应配置防超载安全装置,操作中能持续显示额定起重量或额定起重力矩、实际起重量或实际起重力矩。

2 目测检查水平显示器,应设置。

3 施工现场人员实际操作,检验人员目测检查防臂架后倾装置,应设置且可有效工作。

4 施工现场人员实际操作起升机构,检验人员观察确认起升高度限位器,起升达到极限位置时应能自动停止吊具的起升,但允许下降方向的操作。

5 施工现场人员实际操作变幅机构,检验人员观察确认变幅限位器,变幅达到极限位置时应能自动停止动作,但允许向反方向动作的操作。

6.2.15 安全装置及设施一般项目的检验应符合下列规定:

1 目测检查风速仪,臂架长度超过 50 m 时上端应设置。

2 施工现场人员实际操作音响报警,检验人员确认,应设置作业用音响报警,使得起重机开始作业时能警示附近人员。

3 目测检查安全警示标志,应在起重机的可能发生危险的部位或工作区域设置明显可见的安全警示标志。

6.2.16 运行试验保证项目的检验应符合下列规定:

1 施工现场人员在作业范围内进行回转、起升、变幅操作等空载试验,检验人员观察确认,各机构应工作正常,安全装置功能有效,发动机应运转正常,无异常噪音、震颤情况,油管、接头及外壳应无漏油现象。

2 施工现场人员根据产品说明书的要求起吊载荷,检验人员测量起重量及幅度,并与防超载安全装置的显示值比较,误差不应大于±5%;目测检查,各部件应无损坏,连接件无松动,制动器工作正常。

6.2.17 履带起重机检验项目可按本标准附录 E 执行。

6.3 汽车起重机检验

6.3.1 标志一般项目的检验应符合下列规定:

1 目测检查产品标牌,应设置并固定于明显处。

2 目测检查起重性能说明文件,应设有额定起重量图表性能标牌或手册、电子版说明文件。

6.3.2 金属结构件保证项目的检验应符合下列规定:目测检查起重臂、回转支承平台、底盘结构、支腿等重要结构件,不得有可见裂纹、严重变形、严重磨损或严重腐蚀,且应使用原制造厂部件;目测变形、磨损、腐蚀较严重时,应采用探伤仪、测厚仪等测量器具测取缺陷程度量值,与原设计值比对,并依据有关标准规范作出判断。

6.3.3 金属结构件一般项目的检验应符合下列规定:

1 抽检重要结构件螺栓连接,应齐全、紧固、有防松措施,规格符合产品说明书的规定,高强度螺栓应有强度等级标记。

2 目测检查重要结构件销轴连接及轴端固定,应可靠。

3 目测检查支腿连接,支腿与支座盘应连接可靠,工作正常。

6.3.4 吊钩保证项目的检验应符合下列规定:

1 目测检查钩体结构,必要时测量并与原设计值比较,吊钩整体应无可见裂纹、折叠、过烧及补焊痕迹;挂绳处断面磨损量不应大于原截面高度的 5%;吊钩的开口度不应大于原尺寸的 10%。

2 目测检查吊钩心轴,外观应完整且应固定可靠。

6.3.5 吊钩一般项目的检验应符合下列规定:目测检查并手动验证防脱钩保险装置,应设置且有效。

6.3.6 钢丝绳保证项目的检验应符合下列规定:目测检查起升及变幅钢丝绳完好度,必要时测量,不得出现现行国家标准《起重机钢丝绳 保养、维护、检验和报废》GB/T 5972 规定的报废情况;测量钢丝绳直径,钢丝绳规格应符合产品说明书的要求。

6.3.7 钢丝绳一般项目的检验应符合下列规定:

1 目测检查钢丝绳穿绕方式、排绳、润滑与干涉,钢丝绳穿绕方式应正确,排绳整齐,润滑良好,且无干涉。

2 施工现场人员实际操作起升机构,检验人员目测检查起升钢丝绳余留圈数,起升钢丝绳在放出最大工作长度后,钢丝绳端部为楔形固定时,卷筒上最少余留圈数不应少于 3 圈,为压板螺栓固定时不应少于 5 圈。

3 目测检查钢丝绳端部固定,钢丝绳端部应有防松和闭紧装置。

6.3.8 卷筒与滑轮一般项目的检验应符合下列规定:

1 施工现场人员实际操作,将吊钩起升至最大高度位置,检验人员测量卷筒两侧边缘的高度,最外层起升钢丝绳至卷筒两侧外缘高度应大于起升钢丝绳直径的 1.5 倍。

2 目测检查卷筒和滑轮外观,应无破损、裂纹及严重磨损。

3 目测检查滑轮上钢丝绳防脱装置,必要时测量,装置应完好,钢丝绳防脱装置与滑轮最外缘的间隙不应大于钢丝绳直径的1/3或10 mm中较小值。

6.3.9 机构和制动器保证项目的检验应符合下列规定:

1 施工现场人员实际操作,检验人员目测检查起升制动器功能,起升机构起升载荷,在空中停止后,应无静态下滑现象;再次作提升起动,此时载荷在任何提升操作条件下,均不得出现明显向向动作。

2 施工现场人员实际操作,检验人员观察确认变幅制动器功能,用钢丝绳升降起重臂变幅的起重机,其起重臂的起落应依靠动力系统完成。

3 施工现场人员实际操作起升及变幅制动器,检验人员目测检查起升及变幅制动器结构,应为常闭式结构,制动轮与传动机构应为刚性联接。

6.3.10 机构和制动器一般项目的检验应符合下列规定:

1 施工现场人员实际操作回转机构,检验人员观察确认回转制动器功能,回转机构应具有滑转性能,行走时转台应能锁定。

2 施工现场人员实际操作箱型伸缩式起重臂,伸缩机构应能可靠地支撑各伸出臂段,能在操作者控制下使起重臂平稳地伸缩到预定的臂长。

3 目测检查各制动器部件,可见部分应无可见裂纹、明显变形、破损及连接松动。

4 目测检查防护装置,有伤人可能的活动零部件的外露部分应设置防护罩等防护装置。

6.3.11 液压系统一般项目的检验应符合下列规定:

1 结合运行操作目测检查油路密封性,在正常工作及试验时,液压系统不应有渗漏油现象。

2 目测检查溢流阀,液压系统应设置。

3 目测检查液压油缸安全装置,承载液压油缸应装有与之刚性连接的液压锁或平衡阀等安全装置。

6.3.12 操纵及电气系统保证项目的检验应符合下列规定:施工现场人员实际操作急停开关,检验人员确认,急停开关应为非自行复位形式且有效、易操作。

6.3.13 操纵及电气系统一般项目的检验应符合下列规定:

1 目测检查电气联接,应接触良好、无松脱,导线、线束应固定可靠。

2 施工现场人员实际操作,检验人员确认零位保护装置,控制起重机机构运动的所有控制器均应有零位保护,在切断电源后再恢复供电时,应先将控制器手柄置于零位后,机构才能启动。

3 目测检查操纵手柄、踏板、按钮、指示器及信号装置,应设在便于操作或观测的位置,并在其附近配置清晰的符号及图形标识说明用途和操纵方向的清楚标志。

4 目测检查指示灯,应有指示总电源分合状态及必要操作状态的指示灯。

5 目测检查照明装置,操纵室应有照明设施,转台前部和起重臂上应装有照明灯。

6.3.14 安全装置及设施保证项目的检验应符合下列规定:

1 结合载荷试验确认,应配置起重力矩限制器且有效。

2 施工现场人员实际操作起升机构,检验人员观察确认起升高度限位器,应设置,起升达到极限位置时应自动停止吊具的起升,但允下降方向的操作。

3 施工现场人员实际操作变幅机构,检验人员目测检查防臂架后倾装置,钢丝绳变幅时应设置且可有效工作。

4 目测检查及手动试验确认幅度限位装置,钢丝绳变幅时应设置且有效。

6.3.15 安全装置及设施一般项目的检验应符合下列规定:

1 目测检查风速仪,起升高度超过 50 m 时应设置。

2 目测检查水平仪,应在支腿操纵台附近操作者视线范围内设置。

3 施工现场人员实际操作作业用音响联络信号,检验人员确认,应设置且有效。

4 施工现场人员实际操作倒车报警装置,检验人员确认,应设置,在倒车行驶时,应能发出清晰的声光报警信号,且发声宜有定向功能。

5 目测检查安全警示标志,应在起重机醒目易见的部位设置明显可见的安全警示标志。

6.3.16 运行试验保证项目的检验应符合下列规定:

1 施工现场人员在作业范围内进行回转、起升、变幅、伸缩操作等空载试验,检验人员观察确认,各机构应工作正常,安全装置功能有效,发动机应运转正常,无异常噪声、震颤情况,油管、接头及外壳应无漏油现象。

2 施工现场人员根据产品说明书的要求起吊载荷,检验人员测量起重量及幅度,并与起重力矩限制器的显示值比较,误差不应大于±5%;目测检查,各部件应无损坏,连接件无松动,制动器工作正常。

6.3.17 汽车起重机检验项目可按本标准附录 F 执行。

6.4 整机评定

6.4.1 流动式起重机检验结论判定应符合表 6.4.1 的规定。

表 6.4.1 流动式起重机检验评定

结论	保证项目	一般项目不合格项数
合格	无不合格项	不大于 4
整改合格	整改一次后达到合格要求	
不合格	整改后未达到合格要求	

6.4.2 根据被检流动式起重机的实际情况,检验机构可提出整改要求或建议。

7 塔式起重机安全评估

7.1 一般规定

7.1.1 塔机评估环境应满足以下条件：

1 风速不应大于 8.3 m/s，进行塔身垂直度检测时风速不应大于 3.0 m/s。

2 环境温度应在 −15 ℃～+40 ℃之间。

3 应无雨雪等影响安全评估的气候条件。

7.1.2 解体检查应在塔机安装前进行，检查时塔机各部件应拆卸分离，零部件的摆放位置应便于检验。

7.1.3 运行试验时塔机应装配完毕，能正常运行，并有必要的配合人员、物品及设施。

7.2 解体检查

7.2.1 结构腐蚀与磨损检查应符合下列规定：

1 在全面目测筛选的基础上，至少应包括以下检查部位：

1）起重臂主弦杆和轨道。

2）塔身节主弦杆。

3）塔顶主弦杆根部。

4）爬升套架主弦杆及横梁。

5）其他构件的可疑部位。

2 在全面目测筛选的基础上，检查数量应符合下列规定：

1）水平变幅塔机抽检起重臂节数量不少于总数的 70%，

且应包括有拉杆连接点的起重臂节及中间 2 节起重臂节,平头式塔机还应包括根部 2 节起重臂,每节起重臂轨道至少检测 2 处。动臂变幅塔机起重臂节抽检数量不少于总数的 50%,每节主弦杆至少检测 2 处,水平变幅塔机起重臂的非轨道主弦杆抽检数量不少于总数的 20%,其中每节主弦杆至少检测 1 处。

2)主弦杆为开口截面的塔身节抽检数量不少于总数的 10%,主弦杆为封闭型腔的塔身节抽检数量不少于总数的 20%,每节塔身节至少检测 1 处。

3)塔顶主弦杆根部抽检不少于 2 处。

4)爬升套架主弦杆及横梁至少各检测 1 处。

5)目测发现的可疑部位全数检测。

6)检查发现有构件达到报废指标时,相应部位应修复或报废,并应按上述规定数量加倍抽查,必要时全数检测。

3 检查时应对规定的检查部位去除油漆、浮锈后用仪器测量金属结构厚度等,并与设备技术文件等规定的尺寸比较。

4 结构及零件腐蚀与磨损的判断应按设备技术文件及国家有关标准的规定进行,其判断值宜采用最大腐蚀与磨损值;当未作规定时,应按表 7.2.1 进行判断。

表 7.2.1 塔机结构腐蚀与磨损检查判断方法

检查项目	判断指标	判断结果
水平变幅塔机起重臂踏面磨损[1]	$\Delta \leqslant 15\%$	合格
	$15\% < \Delta \leqslant 20\%$	轻度降级
	$20\% < \Delta \leqslant 25\%$	重度降级
	$\Delta > 25\%$	报废
主弦杆[2]及其他重要金属结构件腐蚀	$\Delta \leqslant 6\%$	合格
	$6\% < \Delta \leqslant 8\%$	轻度降级
	$8\% < \Delta \leqslant 10\%$	重度降级
	$\Delta > 10\%$	报废

检查项目	判断指标	判断结果
走道、通道、护栏等防护措施，其他一般结构件[3]	Δ≤12%	合格
	Δ>12%	修复或替换

注:1. 对平头式塔机踏面判断指标宜按表中数值的 80% 选取。
　　2. 除起重臂踏面外的其他部位。
　　3. 其他一般结构件经现场确定，不直接影响安全的，可适当放宽判断指标。

7.2.2 结构裂纹检查应符合下列规定：

　　1 在全面目测筛选的基础上，至少应包括以下检查部位：

　　　　1）回转支承座与塔身节，回转平台与回转塔身、起重臂、平衡臂连接构件的焊缝；回转支承座筋板焊缝；起重臂根部连接构件焊缝；起重臂与拉杆连接构件焊缝。

　　　　2）底架、塔身节连接螺栓套筒与主弦杆焊缝及爬升踏步与主弦杆焊缝。

　　　　3）塔顶根部连接处焊缝。

　　　　4）其他焊缝的可疑部位。

　　　　5）结构母材在近焊缝位置热影响区或应力集中区的可疑部位。

　　　　6）母材的其他可疑部位。

　　2 在全面目测筛选的基础上，检查数量应符合下列规定：

　　　　1）回转支承座与塔身节，回转平台与回转塔身、起重臂、平衡臂连接构件的焊缝，回转支承座筋板焊缝，起重臂根部连接构件焊缝，起重臂与拉杆连接构件等焊缝抽检数量各位置不少于 1 处。

　　　　2）底架抽检 1 处，塔身节抽检数量不少于总数的 10%，每节至少检测 1 处。

　　　　3）塔顶根部连接处焊缝抽检数量不少于 1 处。

　　　　4）目测发现其他焊缝及母材的可疑部位，则全数检测。

　　　　5）检查发现有构件达到报废指标时，同类构件应按上述规定数量加倍抽查。

3 检查时应对规定的部位去除油漆和浮锈,采用磁粉、渗透等方法进行表面或近表面检测,或采用超声波等方法进行内部缺陷检测。

4 采用现行国家标准《焊缝无损检测 磁粉检测》GB/T 26951 或现行国家标准《无损检测 渗透检测 第1部分:总则》GB/T 18851.1 中规定的方法进行焊缝表面或近表面裂纹的磁粉或渗透检测,焊缝应符合现行国家标准《焊缝无损检测 焊缝磁粉检测 验收等级》GB/T 26952 或现行国家标准《焊缝无损检测 焊缝渗透检测 验收等级》GB/T 26953 中规定的1级要求;采用现行行业标准《起重机械无损检测 钢焊缝超声检测》JB/T 10559 中规定的方法进行融透焊缝内部的超声波检测,焊缝按其质量等级,检测结果应符合现行行业标准《起重机械无损检测 钢焊缝超声检测》JB/T 10559 相应验收等级的要求,否则应修复或报废。必要时也可根据结构及焊缝的特征选择其他合适的无损检测方法,并根据相应的标准判断。

金属结构母材按现行行业标准《起重机械无损检测 钢焊缝超声检测》JB/T 10559 检测时应无裂纹。

7.2.3 结构变形检查应符合下列规定:

1 在全面目测筛选的基础上,至少应包括以下检查部位:

1)塔身节、起重臂及塔顶主弦杆。

2)顶升套架主弦杆。

3)目测有明显变形的其他重要结构件部位。

2 在全面目测筛选的基础上,检查数量应符合下列规定:

1)对目测发现的塔身节、起重臂及塔顶可疑部位进行全部检查;目测未见异常时,随机检查塔身节3节、起重臂3节,每节测量2处主弦杆变形。

2)对目测发现的顶升套架可疑部位进行检查。

3)对其他重要结构件目测可疑部位进行全部检测。

4）当检查发现问题时,应加倍抽查同类部位,再次发现问题的应全部检测。

3 检查时应采用仪器分别测量规定部位的轴线相对中心线最大偏差值等,必要时测量构件横截面的变形。

4 结构变形检查的判断应按设备技术文件进行,判断值宜采用最大测量值;当设备技术文件未作规定时,应按表7.2.3进行判断。主要受力构件失稳应报废。

表 7.2.3　塔机结构变形检查判断方法

检查项目	判断指标	判断结果
主弦杆[1]	$\delta_1 \leqslant 1/1\,000$	合格
	$1/1\,000 < \delta_1 \leqslant 2/1\,000$	轻度降级
	$2/1\,000 < \delta_1 \leqslant 3/1\,000$	重度降级
	$\delta_1 > 3/1\,000$	报废
塔身及动臂式起重臂腹杆[2]	$\delta_1 \leqslant 1.5/1\,000$	合格
	$1.5/1\,000 < \delta_1 \leqslant 10/1\,000$,数量不超过 9%,且不发生在相邻的杆件上	轻度降级
	$10/1\,000 < \delta_1 \leqslant 18/1\,000$,数量不超过 9%,且不发生在相邻的杆件上	重度降级
	$\delta_1 > 18/1\,000$	报废
水平变幅起重臂腹杆	$\delta_1 \leqslant 2/1\,000$	合格
	$2/1\,000 < \delta_1 \leqslant 15/1\,000$,数量不超过 12%,且不发生在相邻的杆件上	轻度降级
	$15/1\,000 < \delta_1 \leqslant 30/1\,000$,数量不超过 12%,且不发生在相邻的杆件上	重度降级
	$\delta_1 > 30/1\,000$	报废

注:1. 如构件横截面变形超过 5%,判断指标宜从严控制。
　　2. 在腹杆检查中,若横腹杆与斜腹杆规格相同,可以适当放宽横腹杆变形的判断指标,但不应超过指标限值的 15%。

7.2.4 销轴与轴孔磨损变形检查应符合下列规定:

1 检查部位应为主要承载构件有明显磨损或变形的销轴及

轴孔,重点检查承受交变载荷的部位,如起重臂铰点、销轴连接的标准节铰点、塔顶根部铰点等。

2 应对目测发现明显磨损或变形的部位进行全数检测。

3 应采用仪器测量销轴及轴孔的实际尺寸,并与设备技术文件等规定的尺寸比较。

4 销轴及轴孔磨损与变形的检查判断应按设备技术文件进行,判断值宜采用最大测量值,当未作规定时,应按表 7.2.4 进行判断。

表 7.2.4 塔机销轴与轴孔磨损变形检查判断方法

检查项目	判断指标	判断结果
起重臂及塔顶部件[2]	单个轴孔或销轴磨损及变形相对值≤4%,且绝对值≤1.5 mm;配对轴孔与销轴磨损及变形[1]相对值≤6%,且绝对值≤2.2 mm	合格
	单个轴孔或销轴磨损及变形相对值>4%,或绝对值>1.5 mm;配对轴孔与销轴磨损及变形相对值>6%,或绝对值>2.2 mm	报废
标准节部件	单个轴孔或销轴磨损及变形相对值≤2%,且绝对值≤0.6 mm;配对轴孔与销轴磨损及变形相对值≤3%,且绝对值≤0.8 mm	合格
	单个轴孔或销轴磨损及变形相对值>2%,或绝对值>0.6 mm;配对轴孔与销轴磨损及变形相对值>3%,或绝对值>0.8 mm	报废
拉杆及其他单向受力部件	单个轴孔或销轴磨损及变形相对值≤5%,且绝对值≤2.2 mm;配对轴孔与销轴磨损及变形相对值≤7%,且绝对值≤3.3 mm	合格
	单个轴孔或销轴磨损及变形相对值>5%,或绝对值>2.2 mm;配对轴孔与销轴磨损及变形相对值>7%,或绝对值>3.3 mm	报废

注:1. 配对轴孔与销轴磨损及变形判断值为轴孔磨损变形与销轴磨损变形的绝对数值之和。

2. 平头式塔机起重臂销轴及轴孔磨损与变形判断指标宜按表中数值的 80% 选取。

7.2.5 主要零部件及安全装置检查应符合下列规定:

1 检查应包括以下部件:

1) 主要零部件,包括制动器、联轴节、减速机、钢丝绳、卷筒、滑轮与导轮、吊钩组等。

2）安全装置,包括起重力矩限制器、起重量限制器、行程限位装置及止挡装置、钢丝绳防脱装置、小车断绳保护装置、小车防坠落装置、风速仪、夹轨器、缓冲器、清轨板等。

3）电气及控制系统,包括电气控制箱、电气元件、电气线路、电源线缆等。

2 应对以上主要零部件、安全装置及电气系统的可疑部位进行检查,检查发现有不合格时,应加强对同类部件的检查。

3 检查方法以目测与功能试验为主,必要时结合仪器测量进行检查。机械主要零部件与安全装置检查的重点是外观状态;电气系统检查的重点是电气线路的老化情况与绝缘性能。

4 外观目测检查应无异常情况,否则应按现行国家标准《塔式起重机安全规程》GB 5144、现行国家标准《塔式起重机》GB/T 5031 等标准的要求并结合设备技术文件作进一步检查,不合格时应修复或更换。

7.2.6 塔机的解体检查内容与要求可按本标准附录 G 的规定执行。

7.3　运行试验

7.3.1 运行试验前应先按本标准第 4 章规定的方法对塔机安装后的结构、各零部件的连接固定情况、电气系统及安全装置等进行检验,检验不合格的塔机不应继续进行运行试验。

7.3.2 塔机空载试验、起重力矩试验及起重臂根部铰点位移测试宜按本标准附录 H 进行。对于降级使用的塔机,额定载荷应按降级后的载荷选取。

7.3.3 塔机应力试验应符合下列规定:

1 主要承载构件经过改造、主要技术参数发生变化的塔机,或经检查存在一定结构损伤、需要对塔机的承载能力作精确评估时,应进行结构应力测试。

2 测试工况应按现行国家标准《塔式起重机》GB/T 5031 的要求选取。对于降级使用的塔机,试验载荷应按降级后的载荷选取。

3 应力测试点应选择在结构受力的较大部位,宜计算或按照型式检验报告等资料确定,同时结合解体检查结果在结构的磨损、锈蚀及损伤较大的部位增加测试点。若检测应力在危险应力区内,应增加相应部位应力检测点的数量。

4 结构实际应力由应力测试值与自重应力合成得出,自重应力可通过计算等方法求出。安全评估人员应根据检测结果,结合整机实际工作状况对结构承载能力做出判定。

7.4 整机评定

7.4.1 根据塔机的解体检查和运行试验的状况,整机评定结论应按表 7.4.1 确定。

表 7.4.1 塔机整机评定结论

安全评估状况	整机评定结论
同时符合下列情况: 1. 安装的已安全评估部件中,解体检查项目全部合格; 2. 运行试验合格; 3. 若进行结构应力测试,承载能力符合要求	合格
同时符合下列情况: 1. 安装的已安全评估部件中,解体检查有指标达到降级要求; 2. 按降级后的载荷,运行试验合格; 3. 若进行结构应力测试,按降级后的载荷试验,承载能力符合要求	降级使用 降级程度宜按解体检查及运行试验中降级幅度最大的项目确定
符合下列情况之一: 1. 解体检查有指标达到报废要求,且相关部件不能修复、替代或取消的; 2. 运行试验有项目不合格; 3. 若进行结构应力测试,承载能力不符合要求	不合格

7.4.2 塔机降级使用分为轻度降级使用与重度降级使用两种,降级使用的参数宜符合表 7.4.2 的规定。

表 7.4.2　塔机降级使用的参数

降级程度	起重力矩及最大起重量	最大独立高度	平衡重
轻度降级	降为原设计值的 75%～90%	根据检测检查情况确定	根据降级情况,按照产品使用说明书或制造商的技术要求调整
重度降级	降为原设计值的 60%～75%		

8 施工升降机安全评估

8.1.1 升降机评估环境应满足以下条件：

1 风速不应大于 13 m/s。

2 环境温度应在 -20 ℃～$+40$ ℃之间。

3 应无雨雪等影响安全评估的气候条件。

8.1.2 解体检查应在升降机安装前进行，检查时升降机各部件应拆卸分离，零部件的摆放位置应便于检验。

8.1.3 运行试验时升降机应装配完毕，能正常运行，吊笼工作行程不少于 10 m，并有必要的配合人员、物品及设施。

8.2 解体检查

8.2.1 结构及零件腐蚀与磨损检查应符合下列规定：

1 在全面目测筛选的基础上，至少应包括以下检查部位：

1）标准节及齿条。

2）吊笼主立柱与底梁。

3）驱动齿轮及导向轮。

4）附墙架。

5）其他构件的可疑部位。

2 在全面目测筛选的基础上，检查数量应符合下列规定：

1）标准节抽查数量不少于总数的 40%，每节标准节主弦杆及齿条至少检测 1 处。

2）主立柱与底梁每个吊笼分别选择 1 处。

3）驱动齿轮及导向轮抽查各不少于 1 处。

4）附墙架抽查数量不少于总数的 30%。

5）目测发现的可疑部位全数检测。

6）检查发现有构件达到报废指标时,相应部位应修复或报废,并按上述规定数量加倍抽查,必要时全数检测。

3　检查时对上述检查部位应去除油漆、浮锈后用仪器测量金属结构厚度、驱动齿轮分度圆齿厚或公法线长度、齿条分度线齿厚等。

4　结构及零件腐蚀与磨损的判断应按制造商的设备技术文件的规定进行,其判断值宜采用最大腐蚀与磨损值;当未作规定时,应按表 8.2.1 进行判断。

表8.2.1　升降机结构及零件腐蚀与磨损检查判断方法

检查项目	判断指标	判断结果
标准节主弦杆[1]	$\Delta \leqslant 15\%$	合格
	$15\% < \Delta \leqslant 20\%$	轻度降级
	$20\% < \Delta \leqslant 25\%$	重度降级
	$\Delta > 25\%$	报废
吊笼主立柱、底板、底梁、与附墙架等其他主要承载构件	$\Delta \leqslant 8\%$	合格
	$8\% < \Delta \leqslant 10\%$	轻度降级
	$10\% < \Delta \leqslant 12\%$	重度降级
	$\Delta > 12\%$	报废
驱动齿轮	6 模数以下(含 6 模数)齿厚磨损与腐蚀量≤模数的 10%;6 模数以上齿厚磨损与腐蚀量≤模数的 15%	合格
	6 模数以下(含 6 模数)齿厚磨损与腐蚀量>模数的 10%;6 模数以上齿厚磨损与腐蚀量>模数的 15%	报废
齿条	6 模数以下(含 6 模数)齿厚磨损与腐蚀量≤模数的 12%;6 模数以上齿厚磨损与腐蚀量≤模数的 18%	合格
	6 模数以下(含 6 模数)齿厚磨损与腐蚀量>模数的 12%;6 模数以上齿厚磨损与腐蚀量>模数的 18%	报废

续表8.2.1

检查项目	判断指标	判断结果
导向轮	壁厚磨损与腐蚀量≤2.5 mm	合格
	壁厚磨损与腐蚀量>2.5 mm,或超过偏心轴调节范围	报废
非承载构件[2]	Δ≤15%	合格
	Δ>15%	报废

注:1. 同台升降机的标准节主弦杆壁厚有多种规格时,当某规格标准节磨损与腐蚀后的壁厚满足低规格标准节使用要求时,可按相应规格标准节使用。

2. 非承载构件经现场确定,不直接影响安全的,可适当放宽判断指标。

8.2.2 结构裂纹检查应符合下列规定:

1 在全面目测筛选的基础上,至少应包括以下检查部位:

　　1) 吊笼主立柱与底梁、顶梁的连接焊缝。

　　2) 吊笼主立柱与牵引架及驱动机构连接耳板的焊缝。

　　3) 标准节主弦杆与水平腹杆连接焊缝。

　　4) 司机室承载构件与吊笼结构连接焊缝,底架与标准节连接座焊缝,天轮架、附墙架的主要受力焊缝等。

　　5) 其他焊缝的可疑部位。

　　6) 金属结构母材在近焊缝位置热影响区或应力集中区的可疑部位。

　　7) 母材的其他可疑部位。

2 在全面目测筛选的基础上,检查数量应符合下列规定:

　　1) 吊笼主立柱与底梁或顶梁的连接焊缝,每个吊笼至少抽查1处。

　　2) 吊笼主立柱与牵引架及驱动机构连接耳板的焊缝,每个吊笼至少各抽查1处。

　　3) 标准节抽查数量不少于总数的10%,每节标准节至少检测1处。

　　4) 司机室承载构件与吊笼结构连接焊缝,底架与标准节连接座焊缝,天轮架、附墙架的主要受力焊缝按目测情况决定是否抽查。

5）目测发现的其他焊缝及母材的可疑部位全数检测。

6）检查发现有构件达到报废指标时，同类构件应按上述规定数量加倍抽查。

3 检查时应对上述部位去除油漆和浮锈，采用磁粉、渗透等方法进行表面或近表面检测，或采用超声波等方法进行内部缺陷检测。

4 采用现行国家标准《焊缝无损检测　磁粉检测》GB/T 26951 或《无损检测　渗透检测　第 1 部分：总则》GB/T 18851.1 中规定的方法进行焊缝表面或近表面裂纹的磁粉或渗透检测，焊缝应符合现行国家标准《焊缝无损检测　焊缝磁粉检测　验收等级》GB/T 26952 或《焊缝无损检测　焊缝渗透检测　验收等级》GB/T 26953 中规定的 1 级要求；采用现行行业标准《起重机械无损检测 钢焊缝超声检测》JB/T 10559 中规定的方法进行融透焊缝内部的超声波检测，焊缝按其质量等级，检测结果应符合现行行业标准《起重机械无损检测 钢焊缝超声检测》JB/T 10559 相应验收等级的要求，否则应修复或报废。必要时也可根据结构及焊缝的特征选择其他合适的无损检测方法，并根据相应的标准判断。

金属结构母材按现行行业标准《起重机械无损检测　钢焊缝超声检测》JB/T 10559 检测时应无裂纹。

8.2.3 结构变形检查应符合下列规定：

1 在全面目测筛选的基础上，至少应包括以下检查部位：

1）标准节主弦杆直线度误差、对重导轨平行度误差及接缝处截面错位阶差。

2）吊笼门导轮嵌入深度。

3）主要承载构件的其他明显变形部位。

2 在全面目测筛选的基础上，检查数量应符合下列规定：

1）对目测发现的标准节可疑部位进行全部检查；目测未见异常时，随机抽查 2 节标准节，测量主弦杆直线度误差、对重导轨平行度误差及接缝处截面错位阶差。

2）根据目测情况检查吊笼门导轮与导轨的嵌入深度。

3）对目测发现明显变形的主要承载构件进行全数检测。

4）检查发现有构件达到报废指标时，相应部位应修复或报废，同类构件应按上述规定数量加倍抽查。

3 检查时应采用仪器分别测量规定部位的直线度误差、错位阶差及吊笼门导轮嵌入深度等。

4 结构变形检查的判断应按制造商的设备技术文件进行，判断值宜采用最大测量值；当设备技术文件未作规定时，应按表 8.2.3 进行判断。主要受力构件失稳应报废。

表 8.2.3 升降机结构变形检查判断方法

检查项目	判断指标	判断结果
标准节主弦杆直线度误差	$\delta_1 \leqslant 1.5/1\ 000$	合格
	$1.5/1\ 000 < \delta_1 \leqslant 2.5/1\ 000$	轻度降级
	$2.5/1\ 000 < \delta_1 \leqslant 3.0/1\ 000$	重度降级
	$\delta_1 > 3.0/1\ 000$	报废
对重导轨平行度误差	$\delta_2 \leqslant 1.5\ mm$	合格
	$\delta_2 > 1.5\ mm$	修复或报废
对重导轨接缝处截面错位阶差	错位阶差≤0.5 mm	合格
	错位阶差>0.5 mm	修复或报废
吊笼门导轮嵌入深度	吊笼门导轮最小嵌入深度≥5.0 mm	合格
	吊笼门导轮最小嵌入深度<5.0 mm	修复

8.2.4 主要零部件及安全装置检查应符合下列规定：

1 检查应包括以下部件：

1）主要零部件，包括电动机、卷扬机、制动器、减速机、钢丝绳、对重及导向轮、天轮架及滑轮、防护围栏及围栏门、吊笼门与导向机构、操作室、电缆滑车、连接螺栓及销轴等。

2）安全装置,包括防坠安全器、吊笼上下限位开关、吊笼上下极限开关、超载保护装置、减速开关、吊笼门与紧急出口门安全开关、对重钢丝绳防松绳装置、围栏门安全开关及机械锁止装置、检修门限位开关、安全钩、缓冲器等。

3）电气系统,包括电气控制箱、控制台、电气元件、电气线路、电源线缆等。

2　应对以上主要零部件、安全装置及电气系统的可疑部位进行检查。检查发现有不合格时,应加强对同类部件的检查。

3　检查方法以目测与功能试验为主,必要时结合仪器测量。主要零部件与安全装置检查的重点是外观状态,电气系统检查的重点是电气线路的老化情况与绝缘性能。

4　外观目测检查应无异常情况,否则应按现行国家标准《吊笼有垂直导向的人货两用施工升降机》GB/T 26557、《施工升降机安全使用规程》GB/T 34023 的要求并结合设备技术文件做进一步检查,检查发现不合格时应修复或更换。

8.2.5　升降机的解体检查内容与要求可按照本标准附录 J 的规定执行。

8.3　运行试验

8.3.1　运行试验前应先按本标准第 5 章规定的方法对升降机安装后的结构、各零部件的连接固定情况、电气系统及安全装置等进行检验,检验不合格的升降机不应继续进行运行试验。

8.3.2　升降机空载试验、额定载重量试验及吊笼坠落试验宜按本标准附录 K 进行。对于降级使用的升降机,额定载重量应按降级后的载荷选取。

8.3.3　升降机应力试验应符合下列规定:

1　主要承载构件经过改制、主要技术参数发生变化的升降机,或经检查存在一定结构损伤、需要对升降机的承载能力作精确评估时,应进行结构应力测试。

2 试验载重量应取为吊笼的额定载重量,对于降级使用的升降机,试验载重量应按降级后的载荷选取。试验载重量的布置应符合现行国家标准《吊笼有垂直导向的人货两用施工升降机》GB/T 26557 的规定。

应力测试时,取吊笼空载且位于行程最低点为初始状态。按要求加载试验载重量,以额定提升速度运行,吊笼加载后从地面提升至靠近最下一道附墙架时制动,再起动上升至最上一道附墙架附近制动,然后再起动上升至上限位位置时制动。接着吊笼下降,分别在最上和最下两道附墙架附近再制动,最后到下限位位置制动。

3 应力测试点应选择在结构受力的较大部位,宜按计算或按照型式检验报告等资料中的说明确定,同时考虑在解体检查中发现的磨损、锈蚀、损伤较大的重要部位增加测试点。若检测应力在危险应力区内,应增加相应部位应力检测点的数量。

4 结构实际应力由应力测试值与自重应力合成得出,自重应力可通过计算等方法求出。评估人员应根据检测结果,结合整机实际工作状况对结构承载能力做出判定。

8.4 整机评定

8.4.1 根据升降机的解体检查和运行试验的状况,整机评定结论应按表 8.4.1 确定。

表 8.4.1 升降机整机评定结论

检测检查结果	整机评定结论
同时符合下列情况: 1. 安装的已评估部件中,解体检查项目全部合格; 2. 运行试验合格; 3. 若进行结构应力测试,承载能力符合要求	合格

检测检查结果	整机评定结论
同时符合下列情况： 1. 安装的已评估部件中，解体检查有指标不符合合格要求，但满足降级使用要求； 2. 按降级后的载荷，运行试验合格； 3. 若进行结构应力测试，按降级后的载荷试验，承载能力符合要求	降级使用 降级程度宜按解体检查及运行试验中降级幅度最大的项目确定
符合下列情况之一： 1. 解体检查有指标仅达到报废要求，且相关部件不能修复、替代或取消的； 2. 运行试验有项目不合格； 3. 若进行结构应力测试，承载能力不符合要求	不合格

8.4.2 升降机降级使用分为轻度降级使用与重度降级使用两种，降级使用的参数宜符合表 8.4.2 的规定。

表 8.4.2 升降机降级使用的参数

降级程度	载重量	最大安装高度
轻度降级	降为不超过原设计值的 75%	不超过原设计值的 75%
重度降级	降为不超过原设计值的 50%	不超过原设计值的 50%

9 流动式起重机安全评估

9.1 一般规定

9.1.1 流动式起重机评估环境应满足以下条件：

1 风速不应大于 8.3 m/s。

2 履带起重机评估环境温度应在－20 ℃～＋40 ℃之间,汽车起重机评估环境温度应在－15 ℃～＋35 ℃之间。

3 应无雨雪等影响安全评估的气候条件。

9.1.2 履带起重机解体检查应在安装前进行,检查时履带起重机各部件应拆卸分离,零部件的摆放位置应便于检验。

9.1.3 运行试验时流动式起重机应装配完毕,能正常运行,并有必要的配合人员、物品及设施。试验场地应坚实,履带起重机评估时地面倾斜度不大于 5/1 000,汽车起重机评估时地面倾斜度不应大于 1/100。

9.2 解体检查

9.2.1 结构腐蚀与磨损检查应符合下列规定:

1 在全面目测筛选的基础上,至少应包括以下检查部位:

1)臂架节。

2)封闭型腔杆件及可能积水或封闭不良的受力构件。

3)目测可疑的其他重要结构件的受力部位。

2 在全面目测筛选的基础上,检查数量应符合下列规定:

1)臂架节抽检数量不少于总数的 60%,且必须包括根节及顶节,每节至少检测 4 处。

2）封闭型腔选择典型构造部位各 1 处。

3）其他重要结构件的目测可疑部位全数检查。

4）当检查发现问题时,应加倍抽查同类部位,再次发现问
题的应全数检查。

3　检查时应对规定的检查部位去除油漆、浮锈后用仪器测
量金属结构厚度等,并与设备技术文件等规定的尺寸比较。

4　结构及零件腐蚀与磨损的判断应按设备技术文件及国家
有关标准的规定进行,其判断值宜采用最大腐蚀与磨损值;当未
作规定时,应按表 9.2.1 进行判断。

表 9.2.1　流动式起重机结构腐蚀与磨损检查判断方法

检查项目	判断指标	判断结果
臂架节、支承架 等重要结构件	$\Delta \leqslant 6\%$	合格
	$6\% < \Delta \leqslant 8\%$	轻度降级
	$8\% < \Delta \leqslant 10\%$	重度降级
	$\Delta > 10\%$	报废
一般结构件	$\Delta \leqslant 10\%$	合格
	$\Delta > 10\%$	修复或替换

注:一般结构件经现场确定,不影响安全的,可适当放宽判断指标。

9.2.2　结构裂纹检查应符合下列规定:

1　在全面目测筛选的基础上,至少应包括以下检查部位:

1）桁架式臂架节主弦杆与臂架接头及腹杆连接处焊缝,伸
缩式臂架节主肢焊接处。

2）回转平台与支承架连接支座焊缝。

3）回转平台与起重臂连接支座焊缝。

4）目测可疑的其他结构件焊缝。

5）目测可疑的重要结构件母材。

2　在全面目测筛选的基础上,检查数量应符合下列规定:

1）臂架节抽检焊缝总数量不少于 3 条。

2）回转平台与支承架连接支座焊缝抽检不少于 1 处。

3）回转平台与起重臂连接支座焊缝抽检不少于 1 处。

4）如被检设备曾从事过打桩、强夯、拉铲、抓斗等作业，应加倍抽检以上焊缝。

5）其他结构件焊缝及重要结构件母材的目测可疑部位全部检查。

6）当检查发现问题时，应加倍抽查同类部位，再次发现问题的应全部检查。

3 检查时应对规定的部位去除油漆和浮锈，采用磁粉、渗透等方法进行表面或近表面检测，或采用超声波等方法进行内部缺陷检测。

4 采用现行国家标准《焊缝无损检测 磁粉检测》GB/T 26951 或《无损检测 渗透检测 第 1 部分：总则》GB/T 18851.1 中规定的方法进行焊缝表面或近表面裂纹的磁粉或渗透检测，焊缝应符合现行国家标准《焊缝无损检测 焊缝磁粉检测 验收等级》GB/T 26952 或《焊缝无损检测 焊缝渗透检测 验收等级》GB/T 26953 中规定的 1 级要求；采用现行行业标准《起重机械无损检测 钢焊缝超声检测》JB/T 10559 中规定的方法进行融透焊缝内部的超声波检测，焊缝按其质量等级，检测结果应符合现行行业标准《起重机械无损检测 钢焊缝超声检测》JB/T 10559 相应验收等级的要求，否则应修复或报废。必要时也可根据结构及焊缝的特征选择其他合适的无损检测方法，并根据相应的标准判断。

金属结构母材按现行行业标准《起重机械无损检测 钢焊缝超声检测》JB/T 10559 检测时应无裂纹。

9.2.3 结构变形检查应符合下列规定：

1 在全面目测筛选的基础上，至少应包括以下检查部位：

1）桁架式臂架节主弦杆与腹杆，伸缩式臂架节主肢。

2）支承架受压杆件。

3）目测有明显变形的其他重要结构件。

  2 在全面目测筛选的基础上,检查数量应符合下列规定:

    1）对目测发现的臂架节可疑部位进行检查;目测未见异常时,随机抽查臂架节 2 节,每节测量全部主弦杆与 2 处腹杆变形,或主肢的变形。

    2）对目测发现的支承架杆件可疑部位进行全部检查;目测未见异常时,随机抽检 1 处支承架受压杆件直线度误差。

    3）对其他重要结构件目测可疑部位进行全部检查。

    4）当检查发现问题时,应加倍抽查同类部位,再次发现问题的应全数检查。

  3 检查时应采用仪器测量上述部位的直线度误差,必要时测量构件横截面的变形。

  4 结构变形检查的判断应按设备技术文件进行,判断值宜采用最大测量值;当设备技术文件未作规定时,应按表 9.2.3 进行判断。主要受力构件失稳应报废。

表 9.2.3   流动式起重机结构变形检查判断方法

检查项目	判断指标	判断标准
臂架节主弦杆或主肢	$\delta_1 \leqslant 1.0/1\,000$	合格
	$1.0/1\,000 < \delta_1 \leqslant 1.5/1\,000$	轻度降级
	$1.5/1\,000 < \delta_1 \leqslant 2.5/1\,000$	重度降级
	$\delta_1 > 2.5/1\,000$	报废
臂架节腹杆	$\delta_1 \leqslant 1.5/1\,000$	合格
	$1.5/1\,000 < \delta_1 \leqslant 2.5/1\,000$	轻度降级
	$2.5/1\,000 < \delta_1 \leqslant 4.0/1\,000$	重度降级
	$\delta_1 > 4.0/1\,000$	报废

续表9.2.3

检查项目	判断指标	判断标准
支承架受压杆件	$\delta_1 \leqslant 1.0/1\,000$	合格
	$1.0/1\,000 < \delta_1 \leqslant 1.5/1\,000$	轻度降级
	$1.5/1\,000 < \delta_1 \leqslant 3.0/1\,000$	重度降级
	$\delta_1 > 3.0/1\,000$	报废

9.2.4 主要零部件及安全装置检查应按下列规定进行：

  1 检查应包括以下部件：

  　1）主要零部件，包括制动器及离合器、钢丝绳、连接螺栓及销轴、拉索及拉板、支腿、吊钩、卷筒及滑轮、液压零部件等。

  　2）安全装置，包括起重量限制器、力矩限制器、水平仪、防臂架后倾装置、起升高度限位、幅度限位等。

  　3）电气及控制系统，包括操纵面板、电气元件、电气线路、电源线缆等。

  2 检查时应对机械主要零部件、安全装置及电气系统的可疑部位进行检查，检查发现有不合格时，应加强对同类部件的检查。

  3 检查以目测与功能试验为主，必要时结合仪器测量进行检查。机械主要零部件与安全装置检查的重点是外观状态；电气系统检查的重点是电气线路的老化情况与绝缘性能。

  4 外观目测检查应无异常情况，否则应按现行国家标准《履带起重机》GB/T 14560、现行行业标准《汽车起重机》JB/T 9738等标准的要求并结合设备技术文件作进一步检查，不合格时应修复或更换。

9.2.5 流动式起重机的解体检查内容与要求可按照本标准附录L的规定执行。

9.3 运行试验

9.3.1 运行试验前应先按本标准第 6 章规定的方法对流动式起重机安装后的结构、各零部件的连接固定情况、电气系统及安全装置等进行检验,检验不合格的流动式起重机不应继续进行运行试验。

9.3.2 流动式起重机空载试验及额定载荷试验宜按本标准附录 M 进行。对降级使用的流动式起重机,试验工况根据降级后的起重量及相应的起重特性选取。

9.3.3 流动式起重机应力试验应符合下列规定:

1 主要承载构件经过改造、主要技术参数发生变化的流动式起重机,或经检查存在一定结构损伤、需要对流动式起重机的承载能力作精确评估时,应进行结构应力测试。

2 测试工况应按现行国家标准《履带起重机》GB/T 14560、现行行业标准《汽车起重机》JB/T 9738 的要求选取。对于降级使用的流动式起重机,试验载荷应按降级后的载荷选取。

3 应力测试点应选择在结构受力的较大部位,宜计算或按照型式检验报告等资料确定,同时结合解体检查结果在结构的磨损、锈蚀及损伤较大的部位增加测试点。若检测应力在危险应力区内,应增加相应部位应力检测点的数量。

4 结构实际应力由应力测试值与自重应力合成得出,自重应力可通过计算等方法求出。安全评估人员应根据检测结果,结合整机实际工作状况对结构承载能力做出判定。

9.4 整机评定

9.4.1 流动式起重机评估的整机评定应根据检查检测状况,按表 9.4.1 确定。

表 9.4.1　流动式起重机评估状况与评估结论

检查检测结果	评估结论
同时符合下列情况： 1. 安装的已评估部件中，解体检查项目全部合格； 2. 运行试验合格； 3. 若进行结构应力测试，承载能力符合要求	合格
同时符合下列情况： 1. 安装的已评估部件中，解体检查有指标不符合合格要求，但满足降级使用要求； 2. 按降级后的载荷，运行试验合格； 3. 若进行结构应力测试，按降级后的载荷试验，承载能力符合要求	降级使用 降级程度宜按解体检查及运行试验中降级幅度最大的项目确定
符合下列情况之一： 1. 解体检查有指标仅达到报废要求，且相关部件不能修复、替代或取消的； 2. 运行试验有项目不合格； 3. 若进行结构应力测试，承载能力不符合要求	不合格

9.4.2　流动式起重机整机降级使用分为轻度降级使用与重度降级使用两种，降级使用流动式起重机限定的参数宜符合表 9.4.2 的规定。

表 9.4.2　流动式起重机降级使用的参数

降级程度	额定起重量	起重特性
轻度降级	降为原设计值的 75%～90%	根据检测检查情况确定
重度降级	降为原设计值的 60%～75%	

10 报告与标识

10.0.1　检验与评估机构应根据检查、检测结果，结合本标准及有关标准要求，出具检验或评估报告，并对报告中的检验检测数据及结果负责。

10.0.2　检验有不合格项的，仅在委托单位采取整改或监护措施后，检验机构方可出具结论为"合格"或"整改合格"的检验报告。

10.0.3　检验或评估报告应包括设备基本信息、检查检测结果、检验或评估结论等内容。

10.0.4　为表述清晰方便，评估报告宜根据需要附上相关图样、照片等。评估报告应根据评估结论注明以下内容：

　　1　对于评估结论为"合格"或"降级使用"但存在缺陷的建筑起重机械，应注明整改内容，完成整改后方可使用。

　　2　对于评估结论为"降级使用"的建筑起重机械，应注明降级程度和限定使用条件。

　　3　对于评估结论为"不合格"的建筑起重机械，应注明不合格的原因。

　　4　应注明评估报告有效期，有效期不应超过1年。

10.0.5　检验或评估报告应根据机构情况标注认证认可标志，并加盖检验检测专用章或公章。

10.0.6　检验或评估报告采用电子签章的，应符合国家有关法律法规的要求。

10.0.7　评估机构应对已评估的建筑起重机械中易混淆的重要结构件进行标识。标识必须具有唯一性，并置于部件的明显且易于保护的部位。建筑起重机械使用单位负有保护评估标识的责任。

附录 A 建筑起重机械常用检验仪器

表 A 建筑起重机械常用检验仪器

序号	设备名称	精度或分辨率
1	超声波无损探伤仪	水平<1%,垂直<5%
2	磁粉裂纹检测仪	可清晰完整地显示 A 型标准试片上的刻槽
3	静态应变测试仪	静态系数<3%
4	动态应变测试仪	动态系数<8%
5	绝缘电阻表	−2%～+2%
6	超声波测厚仪	−0.5%～+0.5%
7	接地电阻测试仪	−2%～+2%
8	万用表(电压、电流、电阻)	−2%～+2%
9	称量吊秤	−2%～+2%
10	游标卡尺	0.02 mm
11	钢直尺	Ⅱ级
12	卷尺	Ⅱ级
13	塞尺	Ⅱ级
14	经纬仪	<10″
15	风速仪	−2%～+2%
16	温度计	−2%～+2%
17	扭矩扳手	−5%～+5%
18	百分表	0.01 mm

附录 B 塔式起重机安全检验项目

表 B 塔式起重机安全检验项目

名称	序号	检验项目	要求
环境与标识	1*	产权登记证及产品标牌	应设置在规定位置
	2*	塔机与周围环境关系	尾部与建筑物及外围设施距离≥0.6 m；两台塔机水平与垂直方向距离≥2 m；与输电线的距离不应小于 GB 5144 的规定
金属结构件	3*	重要结构件	无可见裂纹、严重变形、严重磨损或严重腐蚀，且应使用原制造厂部件
	4	螺栓连接	齐全、紧固，同类构件中采用相同螺栓连接件的，应无不同螺距混用的情况
	5	销轴连接	齐全、可靠
	6	通道、平台、栏杆、踏板	无严重锈蚀或缺损，栏杆高度≥1 m
	7	梯子、护圈、休息平台	无破损与严重变形，梯子尺寸符合要求，高于地面 2 m 以上的直梯应设护圈，梯子高度超过 10 m 每隔 12.5 m 设一个休息平台
	8	塔身轴心线侧向垂直度	独立塔身或最高附着点以上≤4/1 000，最高附着点以下≤2/1 000
顶升与回转机构	9*	平衡阀或液压锁	应设平衡阀或液压锁且与油缸直接连接或用硬管连接
	10*	爬升装置防脱功能	爬升式塔机爬升支撑装置应有直接作用于其上的预定工作位置锁定装置
	11	回转限位器	无中央集电环时应双向设置
吊钩	12*	钩体结构	无可见裂纹、折叠、过烧及补焊痕迹；磨损量≤10%；开口度≤15%
	13*	心轴	外观应完整，且应固定可靠
	14	防脱钩保险装置	应设置且有效
	15	吊钩滑轮钢丝绳防脱装置	应完好，间隙≤20%钢丝绳直径

续表B

名称	序号	检验项目	要求
起升系统	16*	起重力矩限制器	应设,有效
	17*	起升高度限位	应设、有效
	18*	起升钢丝绳	完好度符合 GB/T 5972 的要求,规格符合产品使用说明书的要求
	19	起重量限制器	当起重量大于且小于额定起重量的 110%最大额定起重量时,应停止上升方向动作,但应有下降方向动作;具有多挡变速的起升机构,限制器应对各挡位具有防止超载作用
起升系统	20	起升钢丝绳余留圈数	≥3 圈
	21	起升滑轮钢丝绳防脱装置	应完好,间隙≤20%钢丝绳直径
	22	卷筒两侧边缘高度	≥2 倍外层钢丝绳直径
	23	起升钢丝绳端部固定	有防松和闩紧装置
变幅系统	24*	幅度限制器	有效,符合要求
	25*	变幅钢丝绳	完好度符合 GB/T 5972 的要求,规格符合产品使用说明书的要求
	26	小车断绳保护装置	应双向设置
	27	变幅钢丝绳端部固定	有防松和闩紧装置
	28	变幅滑轮钢丝绳防脱装置	应完好,间隙≤20%钢丝绳直径
	29	小车防坠落装置	应设
	30	小车行走端部止挡与缓冲	应设
	31	检修挂篮	连接可靠
	32	动臂变幅幅度限制装置	动臂式塔机应可靠设置
电气及保护	33*	紧急断电开关	非自行复位形式,且有效、易操作
	34*	绝缘电阻	≥0.5 MΩ
	35	接地电阻	≤4 Ω,重复接地≤10 Ω
	36	专用开关箱	应单独设置,并符合 JGJ 46 的要求
	37	失压保护	应设,有效
	38	零位保护	应设,有效

名称	序号	检验项目	要求
电气及保护	39	声响信号	应设有能对工作场地起警报作用的声响信号,且发声宜有定向功能
	40	保护零线	不得作为载流回路
	41	电源电缆与电缆保护	无破损、老化。与金属接触处有绝缘材料隔离,移动电缆有电缆卷筒或其他防止磨损措施
	42	风速仪	臂架根部铰点高于 50 m 应设
轨道及基础	43*	基础形式	外形应符合产品使用说明书要求,非标基础应有专项施工方案
	44	基础预埋件	应符合出厂要求
	45	基础排水措施	应有排水措施,保证基础或轨道路基无积水
	46*	行走限位装置	制停后距挡架>1.0 m,电缆有余量
	47	抗风防滑装置	应设,不妨碍大车行走
	48	轨道接地	应按固定设置,接地电阻值≤4 Ω
	49	大车轨道端部挡架与缓冲	应设
	50	钢轨接头位置及误差	有支承,不得悬空;两侧错开≥1.5 m;间隙≤4 mm,高差≤2 mm
	51	轨距误差及拉杆间距	≤1/1 000 且最大应≤6 mm;相邻两根间距≤6 m
可移动司机室或载人升降机	52*	安全保护装置	安全锁止装置和上、下限位装置,应设置且有效
附着装置	53*	附着杆	无明显变形,焊缝应无裂纹
	54	结构形式	应符合产品使用说明书要求,与建筑物连接牢固,附着间距正确。非标附着装置应有专项施工方案

续表B

名称	序号	检验项目	要求
其他	55	钢丝绳穿绕方式、排绳、润滑与干涉	穿绕正确,排绳整齐,润滑良好,无干涉
	56	制动器	各机构应配备,工作正常
	57	滑轮	无破损、裂纹、严重磨损
	58	卷筒	无破损、裂纹、严重磨损
	59	防护装置	有伤人可能的活动零部件的外露部分应设
	60	平衡重、压重	安装连接可靠,结构无开裂、破损;数量及位置符合要求
	61	广告牌及杂物	塔身及平衡臂等部位不得设置影响风载荷的广告牌等非原厂配置构件,休息平台、走道不得存放塔机零件与工具杂物
	62	驱动发动机	对于发动机驱动的塔机,运行时发动机应运转正常,无异常噪声、震颤情况,油管、接头及外壳应无漏油现象

注:表中序号后带"＊"号的检验项目为保证项目,其余为一般项目。

附录 C　人货两用施工升降机安全检验项目

表 C　人货两用施工升降机安全检验项目

名称	序号	检验项目	要求
标牌与标志	1*	产权登记证及产品标牌	应设置在规定位置
	2	标志	设置安全操作规程、限载及楼层标志
围护设施和基础	3*	围栏门联锁保护	应设机械锁紧装置和电气保护开关,吊笼位于底部规定位置围栏门才能开,围栏门开启后吊笼不能启动
	4	防护围栏	吊笼和对重升降通道周围应设置防护围栏,地面防护围栏高≥1.8 m
	5	基础	应座落在牢固结构上,表面无积水
	6	安全防护区	当升降机对重的下方有施工区域或通道时,应设有防止对重坠落或防止人员进入对重下方的措施
金属结构件	7*	重要结构件	无可见裂纹、严重变形、严重磨损或严重腐蚀,且应使用原制造厂部件
	8*	螺栓联接	齐全、紧固
	9*	销轴连接	齐全、可靠
	10	导轨架垂直度	架设高度 H(m)　垂直度偏差(mm) $H \leqslant 70$　　　　　$\leqslant 1/1\ 000H$ $70 < H \leqslant 100$　　$\leqslant 70$ $100 < H \leqslant 150$　$\leqslant 90$ $150 < H \leqslant 200$　$\leqslant 110$ $H > 200$　　　　　$\leqslant 130$

续表C

名称	序号	检验项目	要求
吊笼及层门	11*	吊笼门	应无明显变形及破损,有机械锁止装置和电气安全开关,只有当门完全关闭后,吊笼才能启动
	12	紧急出口	吊笼应有紧急出口门且设置电气安全开关,当门打开时吊笼应不能启动,紧急出口位于吊笼顶部时应配有专用扶梯
	13	吊笼顶部护栏	应设置且完整,高度≥1.1 m,至边缘距离≤0.2 m
	14	层门	各停层处应设置,层门由吊笼乘员启闭,层门净高度≥2.0 m,侧面防护装置与吊笼或层门之间的任何开口的间距≤150 mm;下面间隙≤35 mm
传动及导向	15*	制动器	常闭式且有效,起制动无明显下滑现象
	16	制动手动松闸装置	应设
	17	防护装置	有伤人可能的活动零部件的外露部分应设
	18	导向轮及背轮	应润滑良好,导向灵活,固定螺栓无松动,背轮紧贴可靠,吊笼无明显偏摆
附着装置	19	结构形式	应符合产品使用说明书和基本使用信息标牌的要求,非标附着装置应有专项施工方案
	20	附着间距	应符合产品使用说明书要求
	21	自由端高度	应符合产品使用说明书要求
	22	连接固定	与构筑物的连接应符合要求,隐蔽连接应有隐蔽工程验收手续
安全装置	23*	防坠安全器	检测报告应由第三方检测机构出具,并在有效期限内
	24*	对重钢丝绳防松绳开关	对重应设置非自行复位型的防松绳开关
	25*	安全钩	安装位置应能防止吊笼脱离导轨架或防坠安全器输出端齿轮脱离齿条,连接应牢固,无变形与缺损

续表 C

名称	序号	检验项目	要求
安全装置	26*	上限位	触发后应能停止以额定速度运行的吊笼,安装位置应使额定提升速度 v 小于 0.8 m/s 时,上部安全距离≥1.8 m;大于或等于 0.8 m/s 时,上部安全距离≥(1.8+0.1v^2) m
	27*	上、下极限开关	应为非自动复位型,其触发元件应与上、下限位开关的触发元件分开,极限开关应能在吊笼与其他机械式阻停装置(如缓冲器)接触前切断动力供应,使吊笼停止。极限开关动作后必须通过手动复位才能使吊笼启动
	28	下限位	应能使以额定速度运行的吊笼在接触到下极限开关前自动停止
	29	越程距离	上限位与上极限开关之间的越程距离:齿轮齿条式施工升降机不应小于 0.15 m,钢丝绳式施工升降机不应小于 0.5 m
	30	超载保护装置	结构完整,显示正常
	31	地面进料口防护	应搭设防护棚且应满足防坠物要求,宽度应覆盖进料口
电气系统	32*	控制面板急停开关	应为非自行复位形式且有效,并设置在便于操作的位置
	33*	绝缘电阻	电动机及电气元件(电子元器件部分除外)的对地绝缘电阻≥0.5 MΩ;电气线路的对地绝缘电阻≥1 MΩ
	34	接地电阻	升降机电动机和电气设备金属外壳均应重复接地,电阻值≤10 Ω
	35	专用开关箱	应单独设置,并符合 JGJ 46 的要求
电气系统	36	失压保护	应设,有效
	37	零位保护	应设,有效
	38	外笼控制箱急停开关	应为非自行复位形式且有效
	39	按钮指示	应设
	40	电气线路	排列整齐,接地线和零线分开

续表 C

名称	序号	检验项目	要求
电气系统	41	相序保护装置	接线正确,状态良好
	42	楼层联络装置	应设,功能正常
	43	电缆及导向	电缆完好无破损,电缆导向架或电缆滑车按规定设置
对重及其钢丝绳	44	对重钢丝绳	富强度符合 GB/T 5972 的要求,规格符合产品使用说明书的要求
	45	对重安装	应符合产品使用说明书要求
	46	对重导轨	导轨接缝应平整,导向无干涉,应设置防脱轨保护装置
	47	钢丝绳端部固接	应符合 GB/T 26557 的要求,不得使用可能损害钢丝绳的末端连接装置,如 U 形螺栓钢丝绳夹

注:表中序号后带"＊"号的检验项目为保证项目,其余为一般项目。

附录 D 货用施工升降机安全检验项目

表 D 货用施工升降机安全检验项目

名称	序号	检验项目	要求
标牌与标志	1*	产权登记证及产品标牌	应设置在规定位置
	2	标志	设置安全操作规程、限重、禁止乘人安全标志及楼层标志
金属结构件	3*	重要结构件	无可见裂纹、严重变形、严重磨损或严重腐蚀，且应使用原制造厂部件
	4*	主要连接件	螺栓连接齐全、紧固，销轴连接齐全、可靠
	5	导轨架垂直度	≤1.5/1 000
	6	基础	应座落在牢固结构上，表面应无积水现象
吊笼	7	吊笼门	应无明显变形及破损，有机械锁止装置和电气安全开关，只有当门完全关闭后，吊笼才能启动
	8	吊笼顶部及侧面	顶部应设置顶棚，侧面围护高度≥1.5 m
	9	吊笼底板	牢固，无积水，有防滑功能
附着装置	10	结构形式	应符合产品使用说明书要求，非标附着装置应有专项施工方案
	11	附着间距	应符合产品使用说明书要求
	12	自由端高度	应符合产品使用说明书要求
	13	连接固定	与构筑物的连接应符合要求，隐蔽连接应有隐蔽工程验收手续
钢丝绳传动	14*	制动器	常闭式且有效，起制动无明显下滑现象
	15*	提升钢丝绳	完好度符合 GB/T 5972 的要求，规格符合产品使用说明书的要求
	16	提升钢丝绳端部固定	应牢固、可靠，并应符合产品使用说明书的要求

名称	序号	检验项目	要求
钢丝绳传动	17	提升钢丝绳穿绕方式、排绳、润滑与干涉	穿绕正确,排绳整齐,润滑良好,无干涉
	18	提升钢丝绳余留圈数	≥3 圈
	19	卷筒两侧边缘高度	≥2 倍外层钢丝绳直径
	20	卷扬机机架固定	应可靠并有措施
	21	联轴器	应连接可靠,工作正常
	22	防护装置	有伤人可能的活动零部件的外露部分应设
	23	滑轮	无破损、裂纹、严重磨损
齿轮齿条传动	24*	制动器	常闭式且有效,起制动无明显下滑现象
	25	防护装置	有伤人可能的活动零部件的外露部分应设
	26	安全钩	安装位置应能防止吊笼脱离导轨架或防坠安全器输出端齿轮脱离齿条,连接应牢固,无变形与缺损
	27	导向轮和背轮	应润滑良好,导向灵活,固定螺栓无松动,背轮紧贴可靠,吊笼无明显偏摆
	28	电缆及导向	电缆完好无破损,电缆导向架或电缆滑车按规定设置
安全装置	29*	防坠安全器	瞬时式应有效,渐进式应由第三方检测机构出具检测报告,并在有效期限内
	30*	停层防坠落装置	应设,有效
	31*	上限位	应能使以额定速度运行的吊笼在接触到上极限开关前自动停止,安装位置应使额定提升速度 v 小于 0.8 m/s 时上部安全距离 ≥1.8 m;大于或等于 0.8 m/s 时上部安全距离 ≥(1.8+0.1v^2) m
	32	下限位	应能使以额定速度运行的吊笼在接触到下极限开关前自动停止
	33	楼层层门	应设置齐全,且不能向外开启,层门高度 ≥1.8 m

续表 D

名称	序号	检验项目	要求
安全装置	34	地面防护围栏及围栏门	应设,围栏门应设有电气安全开关,使吊笼在围栏门关闭后才能启动;围栏高度≥1.8 m,围栏门开启高度≥1.8 m
	35	操作室	应定型化,有防雨、防护功能
	36	地面进料口防护	应搭设防护棚且应满足防坠物要求,宽度应覆盖进料口
	37	超载保护装置	应设
	38	缓冲器	额定载重量超过 400 kg 的升降机应设置吊笼和对重的缓冲器
电气系统	39*	绝缘电阻	电动机及电气元件(电子元器件部分除外)的对地绝缘电阻≥0.5 MΩ;电气线路的对地绝缘电阻≥1 MΩ
	40	接地电阻	升降机电动机和电气设备金属外壳均应重复接地,电阻值≤10 Ω
	41	专用开关箱	应单独设置,并符合 JGJ 46 的要求
	42	电气保护	应设置漏电、短路、失压、相序及过流保护装置
	43	控制按钮	按钮式应点动控制,手柄操作应有零位保护,不得采用倒顺开关
	44	急停开关	应为非自行复位形式且有效,并设置在便于操作的位置
	45	携带式操作盒	携带式操作盒引线长度≤5 m,并应采用安全电压
	46	通讯装置	应设,功能正常

注:表中序号后带"*"号的检验项目为保证项目,其余为一般项目。

附录 E 履带起重机安全检验项目

表 E 履带起重机安全检验项目

名称	序号	检验项目	要求
标志	1	产品标牌	应设置并固定于明显处
	2	起重性能说明文件	应设有额定起重量图表性能标牌或手册、电子版说明文件
金属结构件	3*	重要结构件	无可见裂纹、严重变形、严重磨损或严重腐蚀,且应使用原制造厂部件
	4	螺栓连接	齐全、紧固
	5	销轴连接	齐全、可靠
吊钩	6*	钩体结构	无可见裂纹、折叠、过烧及补焊痕迹;磨损量≤5%;开口度≤10%
	7*	心轴	外观应完整,且应固定可靠
	8	防脱钩保险装置	应设置且有效
钢丝绳	9*	钢丝绳完好度及规格	完好度符合 GB/T 5972 的要求,规格符合产品使用说明书的要求
	10	钢丝绳穿绕方式、排绳、润滑与干涉	穿绕正确,排绳整齐,润滑良好,无干涉
	11	起升钢丝绳余留圈数	≥3 圈
	12	钢丝绳端部固定	应有防松和闩紧装置
卷筒与滑轮	13	卷筒两侧边缘的高度	≥1.5 倍外层起升钢丝绳直径
	14	卷筒和滑轮外观	应无破损、裂纹及严重磨损
	15	滑轮上钢丝绳防脱装置	应完好,间隙≤钢丝绳直径的 1/3 或 10 mm
机构和制动器	16*	起升制动器功能	无静态下滑及明显反向动作
	17*	变幅制动器功能	钢丝绳升降起重臂变幅的起重机,其起重臂的起落应依靠动力系统完成

名称	序号	检验项目	要求
机构和制动器	18*	起升及变幅制动器结构	应为常闭式结构,制动轮与传动机构应为刚性联接
	19	回转制动器功能	应具有滑转性能,行走时转台应能锁定
	20	制动器部件	可见部分应无可见裂纹、明显变形、破损及连接松动
	21	防护装置	有伤人可能的活动零部件的外露部分应设
液压系统	22	油路密封性	无渗漏油现象
	23	溢流阀	应设
	24	液压油缸安全装置	应装有与之刚性连接的液压锁或平衡阀等安全装置
操纵及电气系统	25*	紧急停止装置	电力驱动的必须设置能切断总电源的紧急开关,其安装位置便于司机操作;内燃机驱动的应在启动电路中设置能切断启动电源的开关
	26	电气联接	应接触良好、无松脱,导线、线束应固定可靠
	27	零位保护	控制起重机机构运动的所有控制器均应有零位保护
	28	操纵手柄、踏板、按钮、指示器及信号装置	应设在便于操作或观测的位置,并在其附近配置清晰的符号及图形标识说明用途和操纵方向的清楚标志
	29	警示灯	臂架顶端应设
安全装置及设施	30*	防超载安全装置	应设,有效
	31*	水平显示器	应设
	32*	防臂架后倾装置	应设,工作正常
	33*	起升高度限位器	应设,有效
	34*	变幅限位器	应设,有效
	35	风速仪	臂架长度超过 50 m 时上端应设
	36	音响报警	应设,工作正常
	37	安全警示标志	可能发生危险的部位或工作区域应设

名称	序号	检验项目	要求
运行试验	38*	空载试验	进行回转、起升、变幅操作,各机构应工作正常,安全装置功能有效,发动机应运转正常,无异常噪音、震颤情况,油管、接头及外壳应无漏油现象
	39*	载荷试验	起吊载荷,吊机载荷应平稳升降,各构件应无损坏,连接件无松动,制动器工作正常

注:表中序号后带"*"号的检验项目为保证项目,其余为一般项目。

附录F 汽车起重机安全检验项目

表F 汽车起重机安全检验项目

名称	序号	检验项目	要求
标志	1	产品标牌	应设置并固定于明显处
	2	起重性能说明文件	应设有额定起重量图表性能标牌或手册、电子版说明文件
金属结构件	3*	重要结构件	无可见裂纹、严重变形、严重磨损或严重腐蚀,且应使用原制造厂部件
	4	螺栓连接	齐全、紧固
	5	销轴连接	齐全、可靠
	6	支腿连接	支腿与支座盘应连接可靠,工作正常
吊钩	7*	钩体结构	无可见裂纹、折叠、过烧及补焊痕迹;磨损量≤5%;开口度≤10%
	8*	心轴	外观应完整,且应固定可靠
	9	防脱钩保险装置	应设置且有效
钢丝绳	10*	钢丝绳完好度及规格	完好度符合 GB/T 5972 的要求,规格符合产品使用说明书的要求
	11	钢丝绳穿绕方式、排绳、润滑与干涉	穿绕正确,排绳整齐,润滑良好,无干涉
	12	起升钢丝绳余留圈数	楔形固定≥3 圈,压板螺栓固定≥5 圈
	13	钢丝绳端部固定	应有防松和闩紧装置
卷筒与滑轮	14	卷筒两侧边缘的高度	≥1.5 倍外层起升钢丝绳直径
	15	卷筒和滑轮外观	应无破损、裂纹及严重磨损
	16	滑轮上钢丝绳防脱装置	应完好,间隙≤钢丝绳直径的 1/3 或 10 mm

续表F

名称	序号	检验项目	要求
机构和制动器	17*	起升制动器功能	无静态下滑及明显反向动作
	18*	变幅制动器功能	钢丝绳升降起重臂变幅的起重机,其起重臂的起落应依靠动力系统完成
	19*	起升及变幅制动器结构	应为常闭式结构,制动轮与传动机构应为刚性联接
	20	回转制动器功能	应具有滑转性能,行走时转台应能锁定
	21	起重臂伸缩功能	箱型伸缩式起重臂伸缩机构应能可靠地支撑各伸出臂段,能在操作者控制下使起重臂平稳地伸缩到预定的臂长
	22	制动器部件	可见部分应无可见裂纹、明显变形、破损及连接松动
	23	防护装置	有伤人可能的活动零部件的外露部分应设
液压系统	24	油路密封性	无渗漏油现象
	25	溢流阀	应设
	26	液压油缸安全装置	应装有与之刚性连接的液压锁或平衡阀等安全装置
操纵及电气系统	27*	紧急开关	应为非自行复位形式,且有效、易操作
	28	电气联接	应接触良好、无松脱,导线、线束应固定可靠
	29	零位保护	控制起重机机构运动的所有控制器均应有零位保护
	30	操纵手柄、踏板、按钮、指示器及信号装置	应设在便于操作或观测的位置,并在其附近配置清晰的符号及图形标识说明用途和操纵方向的清楚标志
	31	指示灯	应有指示总电源分合状态及必要操作状态的指示灯
	32	照明装置	操纵室应有照明设施,转台前部和起重臂上应装有照明灯

续表F

名称	序号	检验项目	要求
安全装置及设施	33*	起重力矩限制器	应设,有效
	34*	起升高度限位器	应设,有效
	35*	防臂架后倾装置	钢丝绳变幅时应设,工作正常
	36*	幅度限位装置	钢丝绳变幅时应设,有效
	37	风速仪	起升高度超过50 m时应设
	38	水平仪	在支腿操纵台附近操作者视线范围内设置
	39	作业用音响联络信号	应设,工作正常
	40	倒车报警装置	应设,能发出清晰的声光报警信号,且发声宜有定向功能
	41	安全警示标志	应在起重机醒目易见的部位设置
运行试验	42*	空载试验	进行回转、起升、变幅、伸缩操作,各机构应工作正常,安全装置功能有效,发动机应运转正常,无异常噪声、震颤情况,油管、接头及外壳应无漏油现象
	43*	载荷试验	起吊载荷,起重力矩限制器应有效,各部件应无损坏,连接件无松动,制动器工作正常

注:表中序号后带"＊"号的检验项目为保证项目,其余为一般项目。

附录 G 塔式起重机解体检查内容与要求

表 G 塔机解体检查内容与要求

类别	序号	检查部位	检查数量	检查方法
结构腐蚀与磨损检查	1	起重臂主弦杆和轨道	水平变幅塔机抽检起重臂节数量不少于总数的70%，且应包括有拉杆连接点的起重臂节及中间2节起重臂节，平头式塔机还应包括根部2节起重臂，每节起重臂轨道至少检测2处。动臂变幅塔机起重臂节抽检数量不少于总数的50%，每节主弦杆至少检测2处，水平变幅塔机起重臂的非轨道主弦杆抽检数量不少于总数的20%，其中每节主弦杆至少检测1处	去除油漆、浮锈后用仪器测量金属结构厚度等，并与设备技术文件等规定的尺寸比较
	2	塔身节主弦杆	主弦杆为开口截面的塔身节抽检数量不少于总数的10%，主弦杆为封闭型腔的塔身节抽检数量不少于总数的20%，每节塔身节至少检测1处	
	3	塔顶主弦杆根部	塔顶主弦杆根部抽检不少于2处	
	4	爬升套架主弦杆及横梁	爬升套架主弦杆及横梁至少各检测1处	
	5	其他构件的可疑部位	全数检查	

类别	序号	检查部位	检查数量	检查方法
结构裂纹检查	6	回转支承座与塔身节,回转平台与回转塔身、起重臂、平衡臂连接构件的焊缝;回转支承座筋板焊缝;起重臂根部连接构件焊缝;起重臂与拉杆连接构件焊缝	抽检各不少于1处	去除油漆和浮锈,采用磁粉、渗透等方法进行表面或近表面检测,或采用超声波等方法进行内部缺陷检测
	7	底架、塔身节连接螺栓套筒与主弦杆焊缝及爬升踏步与主弦杆焊缝	底架抽检1处,塔身节抽检数量不少于总数的10%,每节至少检测1处	
	8	塔顶根部连接处焊缝	塔顶根部连接处焊缝抽检数量不少于1处	
	9	其他焊缝的可疑部位	全数检查	
	10	结构母材在近焊缝位置热影响区或应力集中区的可疑部位	全数检查	
	11	母材的其他可疑部位	全数检查	
结构变形检查	12	塔身节、起重臂及塔顶主弦杆	检查塔身节3节、起重臂3节,每节测量2处主弦杆变形	测量规定部位的轴线相对中心线最大偏差值等,必要时测量构件横截面的变形
	13	顶升套架主弦杆	可疑部位进行检查	
	14	目测有明显变形的其他重要结构件部位	可疑部位进行全部检查	
销轴与轴孔磨损变形检查	15	起重臂铰点	发现明显磨损或变形的部位进行全数检查	测量销轴及轴孔的实际尺寸,并与设备技术文件等规定的尺寸比较
	16	销轴连接的标准节铰点		
	17	塔顶根部铰点		
	18	其他重要结构件连接轴孔与销轴		

续表G

类别	序号	检查部位	检查数量	检查方法
主要零部件及安全装置检查	19	主要零部件,包括:制动器、联轴节、减速机、钢丝绳、卷筒、滑轮与导轮、吊钩组等	对可疑部位进行检查	目测与功能试验为主,必要时结合仪器测量进行检查。机械主要零部件与安全装置检查的重点是外观状态;电气系统检查的重点是电气线路的老化情况与绝缘性能
	20	重力矩限制器、起重量限制器、行程限位装置及止挡装置、钢丝绳防脱装置、小车断绳保护装置、小车防坠落装置、风速仪、夹轨器、缓冲器、清轨板等		
	21	电气及控制系统,包括:电气控制箱、电气元件、电气线路、电源线缆等		

注:解体检查中,当检查发现问题时,应加倍抽查同类部位,再次发现问题的应全部检查。

附录 H 塔式起重机运行试验内容与要求

表 H 塔机运行试验内容及要求

试验项目	试验工况	试验内容	试验要求
空载试验	空载	进行起升、回转、变幅、行走等操作，覆盖相应动作的最小至最大行程	操作系统、控制系统、连锁装置动作准确、灵活；无漏油及渗漏现象，各机构动作平稳，无爬行、过热及异常的振颤、冲击、噪声等现象
额定起重力矩试验	起吊30%～80%最大起重量，在该吊重相应的最大幅度	起升：吊重在全部起升高度内，以额定起升速度进行起升、下降。在起升、下降过程中进行不少于3次的正常制动。 变幅：吊重在最小幅度和相应于该吊重的最大幅度之间以额定速度进行两个方向的变幅； 回转：吊重以额定速度进行左右回转； 行走：臂架垂直于轨道，以额定速度往复行走。吊重离地500 mm，单向行走距离不小于20 m	各机构运转正常；制动时无瞬时下滑现象；力矩限制器符合规定要求
结构挠度试验	起吊额定起重量，在该吊重相应的最大幅度	吊重变幅至相应的最大幅度，测量塔身与臂架连接处的水平静位移	位移值不应大于1.34h/100，其中h对无附着装置的塔机为臂架根部铰点至塔机基准面的垂直距离，对有附着装置的塔机为臂架根部铰点至最高附着点的垂直距离

注：对降级使用的塔机，试验载荷可根据降级后的载荷选取。

附录 J　施工升降机解体检查内容与要求

表 J　升降机解体检查内容与要求

类别	序号	检查部位	检查数量	检查方法
结构及零件腐蚀与磨损检查	1	标准节及齿条	标准节抽查数量不少于总数的40％,每节标准节主弦杆及齿条至少检测1处	去除油漆、浮锈后用仪器测量金属结构厚度、驱动齿轮分度圆齿厚或公法线长度,齿条分度线齿厚等
	2	吊笼主立柱与底梁	分别选择1处	
	3	驱动齿轮及导向轮	抽查不少于1处	
	4	附墙架	抽查数量不少于总数的30％	
	5	其他重要结构件的可疑部位	全数检查	
金属结构裂纹检查	6	吊笼主立柱与底梁、顶梁的连接焊缝	每个吊笼至少抽查1处	去除油漆和浮锈,采用磁粉、渗透等方法进行表面或近表面检测,或采用超声波等方法进行内部缺陷检测
	7	吊笼主立柱与牵引架及驱动机构连接耳板的焊缝	每个吊笼至少各抽查1处	
	8	标准节主弦杆与水平腹杆连接焊缝	标准节抽查数量不少于总数的10％,每节标准节至少检测1处	
	9	司机室承载构件与吊笼结构连接焊缝,底架与标准节连接座焊缝,天轮架、附墙架的主要受力焊缝等	按目测情况决定是否抽查	
	10	金属结构母材在近焊缝位置热影响区或应力集中区的可疑部位	全数检查	
	11	母材的其他可疑部位	全数检查	

类别	序号	检查部位	检查数量	检查方法
结构变形检查	12	标准节主弦杆直线度误差、对重导轨平行度误差及接缝处截面错位阶差	抽查2节标准节,测量主弦杆直线度误差、对重导轨平行度误差及接缝处截面错位阶差	测量规定部位的直线度误差、错位阶差及吊笼门导轮嵌入深度等
	13	吊笼门导轮嵌入深度	根据目测情况检查	
	14	主要承载构件的其他明显变形部位	全数检查	
主要零部件及安全装置检查	15	主要零部件,包括:电动机、制动器、减速机、钢丝绳、对重及导向轮、天轮架及滑轮、防护围栏及围栏门、吊笼门与导向机构、电缆滑车、连接螺栓及销轴等	对可疑部位进行检查	目测与功能试验为主,必要时结合仪器测量进行检查。主要零部件与安全装置检查的重点是外观状态,电气系统检查的重点是电气线路的老化情况与绝缘性能
	16	安全装置,包括:防坠安全器、吊笼上下限位开关、吊笼上下极限开关、超载保护装置、减速开关、吊笼门与紧急出口门安全开关、对重钢丝绳防松绳装置、围栏门安全开关及机械锁止装置、检修门限位开关、安全钩、缓冲器等		
	17	电气系统,包括:电气控制箱、电气元件、电气线路、电源线缆等		

注:解体检查中,当检查发现问题时,应加倍抽查同类部位,再次发现问题的应全部检查。

附录 K　施工升降机运行试验内容与要求

表 K　升降机运行试验内容及要求

试验项目	试验工况	试验内容	试验要求
空载试验	空载	全行程进行 3 个工作循环的运行试验,每一工作循环的升、降过程中进行不少于 2 次的制动,其中在半行程至少进行 1 次吊笼上升和下降的制动试验	操作系统、控制系统、安全装置动作准确、灵活;各机构动作平稳,制动可靠,无制动瞬时滑移、漏油及渗漏、过热及异常振颤、冲击、噪声等现象
额定载重量试验	升降机额定载重量	全行程进行 2 个工作循环的运行试验,每一工作循环的升、降中间进行不少于 1 次的制动	
吊笼坠落试验	升降机额定载重量	通过操作按钮盒驱动吊笼以额定提升速度上升约 3 m~10 m,按坠落试验按钮,使电机制动器松闸,吊笼自由下落,直到达到试验速度时防坠安全器动作	防坠安全器动作时电气联锁开关也应动作,安全器制动距离符合要求;结构及连接无损坏及永久变形

注:对降级使用的升降机,试验载荷可根据降级后的载荷选取。

附录L 流动式起重机解体检查内容与要求

表L 流动式起重机解体检查内容与要求

类别	序号	检查部位	检查数量	检查方法
结构腐蚀与磨损检查	1	臂架节	抽检臂架节数量不少于总数的60%,且必须包括根节和顶节,每节至少检测4处	去除油漆、浮锈后用仪器测量金属结构厚度等,并与设备技术文件等规定的尺寸比较
	2	封闭型腔杆件,及可能积水或封闭不良的受力构件	选择构造典型部位各1处	
	3	其他重要结构件目测可疑的部位	全数检查	
结构裂纹检查	4	臂架节主弦杆与臂架接头及腹杆连接处焊缝	抽检焊缝总数量不少于3处	去除油漆和浮锈,采用磁粉、渗透等方法进行表面或近表面检测,或采用超声波等方法进行内部缺陷检测
	5	回转平台与支承架连接支座焊缝	各抽检不少于1处	
	6	回转平台与起重臂连接支座焊缝		
	7	其他结构件焊缝目测可疑的部位	全数检查	
	8	重要结构件母材目测可疑的部位		
结构变形检查	9	臂架节主弦杆与腹杆	对目测发现的臂架节主弦杆与腹杆可疑部位进行检查;目测未见异常时,随机抽检臂架节2节,每节测量全部主弦杆与2处腹杆直线度误差	

续表 L

类别	序号	检查部位	检查数量	检查方法
结构变形检查	10	支承架受压杆件	对目测发现的支承架杆件可疑部位进行检查；目测未见异常时，随机抽检1处支承架受压杆件直线度误差	测量上述部位的直线度误差，必要时测量构件横截面的变形
	11	其他重要结构件目测可疑的部位	全数检查	
主要零部件及安全装置检查	12	主要零部件，包括：制动器及离合器、钢丝绳、连接螺栓及销轴、拉索及拉板、支腿、吊钩、卷筒及滑轮、液压零部件等	对可疑部位进行检查	目测与功能试验为主，必要时结合仪器测量进行检查。机械主要零部件与安全装置检查的重点是外观状态；电气系统检查的重点是电气线路的老化情况与绝缘性能
	13	安全装置，包括：起重量限制器、力矩限制器、水平仪、防臂架后倾装置、起升高度限位、幅度限位等		
	14	电气及控制系统，包括操纵面板、电气元件、电气线路、电源线缆等		

注：解体检查中，当检查发现问题时，应加倍抽查同类部位，再次发现问题的应全部检查。

附录 M 流动式起重机运行试验内容与要求

表 M 流动式起重机运行试验内容及要求

试验项目	试验工况	试验内容	试验要求
空载试验	空载	分别进行吊钩起升及下降、起升卷筒上钢丝绳过放、回转、变幅和臂架防后倾的功能试验	各机构能在规定的工作范围内正常动作,各种指示和限位装置工作正常
额定载荷试验	起吊相应于臂架组合及工作幅度下的最大额定起重量	按以下顺序进行: 1. 重物由地面起升到最大高度(中间制动1次); 2. 重物下降到某一高度(中间制动1次); 3. 在作业区范围内左右回转360°(中间制动1次~2次); 4. 重物下降到地面	各机构运转正常;无漏油及渗漏现象;制动时无瞬时下滑现象;超载保护装置符合规定要求

注:对降级使用的流动式起重机,试验工况可根据降级后的起重量及起重特性选取。

本标准用词说明

1　为了便于在执行本标准条文时区别对待,对要求严格程度不同的用词说明如下:

 1)表示很严格,非这样做不可的用词:

  正面词采用"必须";

  反面词采用"严禁"。

 2)表示严格,在正常情况均应这样做的用词:

  正面词采用"应";

  反面词采用"不应"或"不得"。

 3)表示允许稍有选择,在条件许可时首先应这样做的用词:

  正面词采用"宜";

  反面词采用"不宜"。

 4)表示有选择,在一定条件下可以这样做的用词,采用"可"。

2　标准中指定应按其他有关标准执行时,写法为"应符合……的规定(要求)"或"应按……执行"。

引用标准名录

1 《塔式起重机》GB/T 5031
2 《塔式起重机安全规程》GB 5144
3 《起重机　钢丝绳　保养、维护、检验和报废》GB/T 5972
4 《起重机械安全规程　第 1 部分:总则》GB/T 6067.1
5 《履带起重机》GB/T 14560
6 《无损检测　渗透检测　第 1 部分:总则》GB/T 18851.1
7 《吊笼有垂直导向的人货两用施工升降机》GB/T 26557
8 《焊缝无损检测　磁粉检测》GB/T 26951
9 《焊缝无损检测　焊缝磁粉检测　验收等级》GB/T 26952
10 《焊缝无损检测　焊缝渗透检测　验收等级》GB/T 26953
11 《塔式起重机安全评估规程》GB/T 33080
12 《施工升降机安全使用规程》GB/T 34023
13 《齿轮齿条式人货两用施工升降机安全评估规程》
　　 GB/T 36152
14 《施工现场临时用电安全技术规范》JGJ 46
15 《建筑施工安全检查标准》JGJ 59
16 《建筑起重机械安全评估技术规程》JGJ/T 189
17 《建筑施工升降设备设施检验标准》JGJ 305
18 《履带起重机安全规程》JG 5055
19 《汽车起重机》JB/T 9738
20 《起重机械无损检测　钢焊缝超声检测》JB/T 10559

上海市工程建设规范

建筑起重机械安全检验与评估标准

DG/TJ 08—2080—2021
J 11789—2021

条 文 说 明

目　　次

1　总　　则 ･･･ 97
3　基本规定 ･･･ 99
4　塔式起重机安全检验 ･･････････････････････････････ 101
　　4.1　一般规定 ･･････････････････････････････････････ 101
　　4.2　检验内容 ･･････････････････････････････････････ 101
　　4.3　整机评定 ･･････････････････････････････････････ 101
5　施工升降机安全检验 ･･････････････････････････････ 102
　　5.1　一般规定 ･･････････････････････････････････････ 102
　　5.2　人货两用施工升降机检验 ･･････････････････････ 102
　　5.3　货用施工升降机检验 ･･････････････････････････ 102
　　5.4　整机评定 ･･････････････････････････････････････ 103
6　流动式起重机安全检验 ･･･････････････････････････ 104
　　6.1　一般规定 ･･････････････････････････････････････ 104
　　6.2　履带起重机检验 ･･････････････････････････････ 104
　　6.3　汽车起重机检验 ･･････････････････････････････ 104
　　6.4　整机评定 ･･････････････････････････････････････ 105
7　塔式起重机安全评估 ･････････････････････････････ 106
　　7.1　一般规定 ･･････････････････････････････････････ 106
　　7.2　解体检查 ･･････････････････････････････････････ 106
　　7.3　运行试验 ･･････････････････････････････････････ 107
　　7.4　整机评定 ･･････････････････････････････････････ 108
8　施工升降机安全评估 ･････････････････････････････ 109
　　8.1　一般规定 ･･････････････････････････････････････ 109
　　8.2　解体检查 ･･････････････････････････････････････ 109

8.3　运行试验 ·· 110

8.4　整机评定 ·· 111

9　流动式起重机安全评估 ······························ 112

9.1　一般规定 ·· 112

9.2　解体检查 ·· 112

9.3　运行试验 ·· 113

9.4　整机评定 ·· 114

10　报告与标识 ·· 115

Contents

1 General provisions 97

3 Basic requirements 99

4 Safety inspection for tower crane 101

4.1 General requirements 101

4.2 Inspection contents 101

4.3 Judgement rules 101

5 Safety inspection for building hoist 102

5.1 General requirements 102

5.2 Inspection for personal and material hoist 102

5.3 Inspection for material hoist 102

5.4 Judgement rules 103

6 Safety inspection for mobile crane 104

6.1 General requirements 104

6.2 Inspection for crawler crane 104

6.3 Inspection for vehicle crane 104

6.4 Judgement rules 105

7 Safety assessment for tower crane 106

7.1 General requirements 106

7.2 Decomposition inspection 106

7.3 Operation test 107

7.4 Judgement rules 108

8 Safety assessment for building hoist 109

8.1 General requirements 109

8.2 Decomposition inspection 109

8.3 Operation test ·· 110

8.4 Judgement rules ·· 111

9 Safety assessment code for mobile crane ················ 112

  9.1 General requirements ···································· 112

  9.2 Decomposition inspection ····························· 112

  9.3 Operation test ··· 113

  9.4 Judgement rules ······································· 114

10 Report and marker ·· 115

1 总 则

1.0.1 随着现代建筑工程对施工速度要求的不断提高,建筑起重机械的载荷状态与使用频次也不断增加,设备可能存在着各方面的安全隐患,如不及时进行检查,容易导致事故发生。同时,各检验机构对设备进行安全检验时,采用各自的检验方法,使检验标准不统一、信息沟通不及时,易造成冲突与矛盾。为保障在用建筑起重机械的安全使用,统一检验体系,有必要制定建筑起重机械检验与评估标准。

1.0.2 本标准流动式起重机的检验与评估机型中,仅包括履带起重机和汽车起重机,不涉及轮胎起重机和随车起重机。

1.0.3 根据建设部第 659 号公告《关于发布建设事业"十一五"推广应用和限制禁止使用技术(第一批)的公告》的规定,为保证安全,达到一定使用年限的建筑起重机械需进行评估,合格后方可继续使用。评估应当由有资质的检测评估机构承担。评估的相关规定摘要如下:

"630 kN·m 以下(不含 630 kN·m)、出厂年限超过 10 年(不含 10 年)的塔式起重机,630~1 250 kN·m(不含 1 250 kN·m)、出厂年限超过 15 年(不含 15 年)的塔式起重机;1 250 kN·m 以上、出厂年限超过 20 年(不含 20 年)的塔式起重机,由于使用年限过久,存在设备结构疲劳、腐蚀、变形等安全隐患。超过年限的由有资质评估机构评估合格后,可继续使用。"

"出厂年限超过 8 年(不含 8 年)的 SC 型施工升降机,传动系统磨损严重,钢结构疲劳、变形、腐蚀等较严重,存在安全隐患;出厂年限超过 5 年(不含 5 年)的 SS 型施工升降机,使用时间过长造成结构件疲劳、变形、腐蚀等较严重,运动件磨损严重,存在安全隐患。超过年限的由有资质评估机构评估合格后,可继续使用。"

　　鉴于当前产品现状及新技术采用情况,现行法规文件均根据出厂年限来规定建筑起重机械的起始评估日期。目前建筑起重机械行业已出现可记录设备使用工况的监控装置,建筑起重机械生产及使用单位在条件允许时应主动采用该类技术,以充分了解设备的使用状况,为设备的维护、保养、检测、评估提供可靠依据。

　　除达到规定的评估年限外,建筑起重机械存在结构缺陷、工作环境繁重恶劣、发生结构损伤、重要结构件进行了更换或维修,有必要对该建筑起重机的安全状况进行考察与认定时,也可使用本标准进行评估。

3 基本规定

3.0.1、3.0.2 技术文件及安全技术档案是证明建筑起重机械出厂资质及指导安装和使用的基本文件,产权单位应注意保存,确保资料的完整性。委托单位应当在申报检验之前,根据本机使用中出现的问题,进行一次全面的自检和大修,其中专用装置应由专业厂或专业机构进行检测维护,然后申报检验。维修中更换的零部件若无特殊原因,应优先采用原制造厂的同型号产品。

建筑起重机械评估的重点在于金属结构,对金属结构的检查,包括目测、无损探伤、表面打磨及厚度测量、轴孔的变形测量等,在设备解体状态下方易于进行。对于将设备安装后再申报评估的,原则上评估机构不应受理。解体检查前,不必对设备进行油漆处理,设备零部件的堆放应便于开展评估检测工作。解体检查合格后,设备方可整体安装,并应符合安全检验要求。设备安装完成后,委托单位应立即提请评估机构进行评估。

需评估的建筑起重机械一般经历了长期使用的过程,重要结构件的金属结构往往出现不同程度的磨损、腐蚀、变形、疲劳等状况,其起重特性应当按照评估后的实际情况确定。对于按原设计指标使用有较大安全风险,但仍具有一定承载能力的设备,如适当降低其承载(降级使用),既可保证安全使用的要求,又可避免盲目报废而造成浪费。为此,本标准规定建筑起重机械整机的评估结论按评估检验情况分为合格、降级使用和不合格三种,并在各具体机种中明确给出了判断方法及降级要求,以使评估设备的使用规定具有可行性及易操作性。

3.0.3 关于特种设备检验检测机构和人员的资质资格,在《中华人民共和国特种设备安全法》等法律法规中有相应规定。对于本标准涉及的建筑起重机械中,塔式起重机、施工升降机(包括人货两用施工升降机及货用施工升降机)及履带式起重机均为特种设备,其检验检测人员应具有起重机械检验员或检验师资格;涉及渗透、磁粉、超声波等无损检测的,应具有相应检测人员资格。

3.0.4 关于检验检测活动应拍照、摄像重要部位、节点的影像资料的要求,在《上海市建筑起重机械检验检测管理规定》(沪住建规范〔2017〕11号)中有相应规定。

3.0.5 建筑起重机械安全检验常用仪器及精度要求根据检验检测的一般要求制定。

4 塔式起重机安全检验

4.1 一般规定

4.1.1～4.1.3 塔机检验的一般规定根据现行国家标准《塔式起重机安全规程》GB 5144 等及塔机检验活动的一般要求制定。

4.2 检验内容

塔机检验的内容根据现行国家标准《塔式起重机安全规程》GB 5144、《塔式起重机》GB/T 5031、现行行业标准《建筑施工升降设备设施检验标准》JGJ 305 及现行国家标准《起重机 钢丝绳 保养、维护、检验和报废》GB/T 5972 等，并结合长期的检验实践、机型统计、事故分析而制定。

4.2.2 对于金属结构磨损、腐蚀测量，如制造商产品说明书及国家、地方、行业标准或规范中未作规定的，可参考本标准中有关塔机评估的相关部分。

4.3 整机评定

4.3.1 塔机检验结论应按表 4.3.1 的规定进行判定。若有保证项目不合格需进行整改的，检验单位应在设备完成整改后进行复检。

5 施工升降机安全检验

5.1 一般规定

5.1.1～5.1.3 升降机检验的一般规定根据现行国家标准《吊笼有垂直导向人货两用施工升降机》GB/T 26557、现行行业标准《建筑施工升降设备设施检验标准》JGJ 305 等及升降机检验活动的一般要求制定。

5.2 人货两用施工升降机检验

人货两用施工升降机检验的内容根据现行国家标准《吊笼有垂直导向人货两用施工升降机》GB/T 26557、现行行业标准《建筑施工升降设备设施检验标准》JGJ 305 及现行国家标准《起重机钢丝绳 保养、维护、检验和报废》GB/T 5972 等,并结合长期的检验实践、机型统计、事故分析而制定。

5.2.5 对于金属结构磨损、腐蚀测量,如制造商产品说明书及国家、地方、行业标准或规范中未作规定的,可参考本标准升降机评估的相关部分。

5.3 货用施工升降机检验

货用施工升降机检验的内容根据及现行行业标准《建筑施工升降设备设施检验标准》JGJ 305、《建筑施工安全检查标准》JGJ 59 及现行国家标准《起重机 钢丝绳 保养、维护、检验和报废》GB/T 5972 等,并结合长期的检验实践、机型统计、事故分析而制定。

5.3.3 对于金属结构磨损、腐蚀测量,如制造商产品说明书及国家、地方、行业标准或规范中未作规定的,可参考本标准升降机评估的相关部分。

5.4 整机评定

5.4.1 升降机检验结论应按表 5.4.1 的规定进行判定。若有保证项目不合格需进行整改的,检验单位应在设备完成整改后进行复检。

6 流动式起重机安全检验

6.1 一般规定

6.1.1～6.1.3 履带起重机检验的一般规定根据现行国家标准《履带起重机》GB/T 14560 等及履带起重机检验活动的一般要求制定；汽车起重机检验的一般规定根据现行行业标准《汽车起重机》JB/T 9738 等及汽车起重机检验活动的一般要求制定。

6.2 履带起重机检验

履带起重机检验的内容根据现行国家标准《履带起重机》GB/T 14560、现行行业标准《履带起重机安全规程》JG 5055、《起重机械安全规程 第 1 部分：总则》GB/T 6067.1、《起重机 钢丝绳 保养、维护、检验和报废》GB/T 5972 等，并结合长期的检验实践、机型统计、事故分析而制定。

6.2.2 对于金属结构磨损、腐蚀测量，如制造商产品说明书及国家、地方、行业标准或规范中未作规定的，可参考本标准流动式起重机评估的相关部分。

6.3 汽车起重机检验

汽车起重机检验的内容根据现行行业标准《汽车起重机》JB/T 9738、现行国家标准《起重机械安全规程 第 1 部分：总则》GB/T 6067.1 及《起重机 钢丝绳 保养、维护、检验和报废》

GB/T 5972 等,并结合长期的检验实践、机型统计、事故分析而制定。

6.3.2 对于金属结构磨损、腐蚀测量,如制造商产品说明书及国家、地方、行业标准或规范中未作规定的,可参考本标准流动式起重机评估的相关部分。

6.4 整机评定

6.4.1 流动式起重机检验结论应按表 6.4.1 的规定进行判定。若有保证项目不合格需进行整改的,检验单位应在设备完成整改后进行复检。

7 塔式起重机安全评估

塔机安全评估的一般规定根据现行国家标准《塔式起重机安全评估规程》GB/T 33080、现行行业标准《建筑起重机械安全评估技术规程》JGJ/T 189 等及塔机评估活动的一般要求制定。

7.2 解体检查

7.2.1 对于金属结构腐蚀与磨损检查的判断标准,兼作小车运行轨道的起重臂通常情况下仅轨道单面局部磨损较大,且在设计时预留较大余量。根据长期的检验实践和理论计算,该种形式的设计和使用可以承受较大的磨蚀量。其他部位的磨蚀量按现行国家标准《塔式起重机安全规程》GB 5144 进行判断。

7.2.2 对于金属结构裂纹检查的判断标准,按现行国家标准《起重机械安全规程 第 1 部分:总则》GB/T 6067.1 的相关要求确定。若评估中重要结构件及关键焊缝发现裂纹,应查明原因,根据受力与裂纹情况采取阻止裂纹扩展的措施,通过加强或修复使之达到原承载能力,否则该构件应及时报废。塔机重要结构件的修复、加强必须由具有相应资质的单位完成,修复应有施工方案,并经检测合格。相关修理、检测单位应将该项工作的技术资料转交塔机使用单位,存入该设备的技术档案备查,重要结构件同一部位修复次数不得超过 2 次,否则,该构件应及时报废。

7.2.3 对于金属结构变形检查的判断标准,以直线度误差不大于出厂检验值的为合格,其余根据测量情况进行降级或报废。对于发生过失稳的构件,不得进行修复,必须报废。

塔机上的多数受力构件,如塔身节主弦杆、横腹杆、斜腹杆等,构件长度通常不超过 3 m,用 1 m 内的直线度误差最大值作为结构变形判断值,检测结果一般偏于安全,且可提高检测效率。

7.2.4 销轴与轴孔磨损变形的判断标准是根据长期检测数据统计确定。

7.2.6 本标准附录 G 的内容基本覆盖了塔机的解体检查项目。对于结构较为特殊的塔机,评估机构可根据设备实际状况,与委托单位约定评估内容。

7.3 运行试验

7.3.1 为保证检验工作的安全,安全检验中,只有在影响塔机安全运行的项目确认合格后,方可进行运行试验。

7.3.2 若塔机在解体检查中发现起重臂腐蚀与磨损较大,影响起重能力,为确保设备运行安全,评估机构可确定该塔机的降级使用条件,载荷试验可按降级后的起重力矩和最大起重量作为额定试验载荷。载荷试验合格后,委托单位应将塔机力矩限制器和起重量限制器调整至降级后要求限定的位置。

7.3.3 结构应力试验考虑:

1 应力测试点位置选择在金属结构的腐蚀、磨损及应力较大部位。

2 按照相关资料分析设备在出厂状态时测试点的应力情况。

3 考虑设备自重应力的影响。若无资料可供参考,可以考虑用有限元程序计算塔机的工作应力。

4 整机运行振动明显的,可考虑测量动态应力与振动加速度等。

7.4 整机评定

7.4.1 当对评估设备进行评定时,本标准遵循以安全为主的原则,以金属结构作为评定整机的主要依据,同时参考整机机构运行状况、维护保养情况等因素。评估结论分为合格、降级使用及不合格三种,应在原告设备的检查检测、维护修理、档案资料等情况的基础上确定。

7.4.2 关于降级使用后限定的起重力矩、最大起重量等参数,是根据长期检测、评估统计数据确定的。

8 施工升降机安全评估

8.1 一般规定

升降机评估的一般规定根据现行国家标准《齿轮齿条式人货两用施工升降机安全评估规程》GB/T 36152、现行行业标准《建筑起重机械安全评估技术规程》JGJ/T 189 等及升降机评估活动的一般要求制定。

8.2 解体检查

8.2.1 对于金属结构腐蚀与磨损检查的判断标准,主要根据施工升降机主要制造厂的产品说明书,并结合检测实践确定判断指标。

8.2.2 对于金属结构裂纹检查的判断标准,按现行国家标准《起重机械安全规程 第1部分:总则》GB/T 6067.1 的相关要求确定。若评估中重要结构件及关键焊缝发现裂纹,应查明原因,根据受力与裂纹情况采取阻止裂纹扩展的措施,通过加强或修复使之达到原承载能力,否则该构件应及时报废。升降机重要结构件的修复、加强必须由具有相应资质的单位完成,修复应有施工方案,并经检测合格。相关修理、检测单位应将该项工作的技术资料转交升降机使用单位,存入该设备的技术档案备查,重要结构件同一部位修复次数不得超过2次,否则,该构件应及时报废。

8.2.3 对于变形检查中直线度误差及对角线误差的判断指标,因单纯测量偏差量不能直接反应杆件的制造和使用变形误差,故需综合考虑杆件长度的因素,取为测量相对值;对于平行度误差的判断指标,因其数值大小直接影响升降机装配精度及运行状况,故取为测量绝对值。对于发生过失稳的构件,不得进行修复,必须报废。

8.2.5 本标准附录 J 的内容基本覆盖了升降机的解体检查项目。本章的内容主要针对人货两用施工升降机,但鉴于货用施工升降机的重要结构件与人货两用施工升降机无明显区别,则货用施工升降机的评估也可按照本章的内容执行。

8.3 运行试验

8.3.1 为保证检验工作的安全,安全检验中,仅当影响升降机安全运行的项目确认合格后,方可进行运行试验。

8.3.2 若升降机在解体检查时发现标准节或吊笼腐蚀与磨损较严重等问题,明显影响承载能力的,为确保设备运行安装,评估机构可确定该升降机的降级情况,并经与委托单位协商同意,载荷试验可按降级后的载重量作为额定载荷进行。坠落试验中,防坠安全器的调整应按降级后的载重量进行。载荷试验合格后,委托单位应将升降机的超载保护装置按降级后的载重量设定。

8.3.3 结构应力试验可参照:

1 应力测试点位置选择在金属结构的腐蚀、磨损及应力较大部位。

2 按照相关资料分析设备在出厂状态时测试点的应力情况。

3 考虑设备自重应力的影响。若无资料可供参考,可以考虑用有限元程序计算升降机的工作应力。

8.4　整机评定

8.4.1　当对评估设备进行评定时,本标准遵循以安全为主的原则,以金属结构作为评定整机的主要依据,同时参考整机机构运行状况、维护保养情况等因素。评估结论分为合格、降级使用及不合格三种,应在综合设备的检查检测、维护修理、档案资料等情况的基础上确定。

8.4.2　关于降级的程度及相应的额定载重量降级范围,是根据长期检测、评估统计数据确定的。

9 流动式起重机安全评估

9.1   一般规定

流动式起重机评估的一般规定根据现行国家标准《履带起重机》GB/T 14560、现行行业标准《汽车起重机》JB/T 9738 等及流动式起重机评估活动的一般要求制定。

9.2   解体检查

9.2.1   对于金属结构腐蚀与磨损检查的判断标准,臂架标准节、支承架等重要结构件通常以腐蚀为主,磨损情况较少。其磨蚀量参照现行国家标准《起重机械安全规程 第 1 部分:总则》GB/T 6067.1 进行判断。

9.2.2   对于金属结构裂纹检查的判断标准,按现行国家标准《起重机械安全规程 第 1 部分:总则》GB/T 6067.1 的相关要求确定。若评估中重要结构件及关键焊缝发现裂纹,应查明原因,根据受力与裂纹情况采取阻止裂纹扩展的措施,通过加强或修复使之达到原承载能力,否则该构件应及时报废。流动式起重机重要结构件的修复、加强必须由具有相应资质的单位完成,修复应有施工方案,并经检测合格。相关修理、检测单位应将该项工作的技术资料转交流动式起重机使用单位,存入该设备的技术档案备查,重要结构件同一部位修复次数不得超过 2 次,否则,该构件应及时报废。

9.2.3   对于金属结构变形检查的判断标准,以直线度误差不大于出厂检验值为合格,其余根据测量情况进行降级或报废。对于发生过失稳的构件,不得进行修复,必须报废。

履带起重机上的很多受力构件,如臂架节横腹杆及斜腹杆等,构件长度通常不超过 3 m,用 1 m 内的直线度误差最大值作为结构变形判断值,检测结果一般偏于安全,且可提高检测效率。

9.2.5 本标准附录 L 的内容基本覆盖了流动式起重机的解体检查项目。对于结构较为特殊的流动式起重机,评估机构可根据设备实际状况,与委托单位约定评估内容。

9.3 运行试验

9.3.1 为保证检验工作的安全,安全检验中,仅当影响流动式起重机安全运行的项目确认合格后,方可进行运行试验。

9.3.2 如流动式起重机在解体检查时发现起重臂腐蚀与磨损较严重等问题,明显影响起重能力的,为确保设备载荷试验安全,评估机构应与委托单位协商确定该流动式起重机的降级情况,载荷试验按降级程度的公称起重特性进行。载荷试验合格后,委托单位应将流动式起重机力矩限制器或起重量显示器调整至降级后要求限定的位置。

9.3.3 结构应力试验可参照以下:

1 应力测试点位置选择在金属结构的腐蚀、磨损及应力较大部位。

2 按照相关资料分析设备在出厂状态时测试点的应力情况。

3 考虑设备自重应力的影响。若无资料可供参考,可以考虑用有限元程序计算流动式起重机的工作应力。

9.4 整机评定

9.4.1 当对评估设备进行评定时,本标准遵循以安全为主的原则,以金属结构作为评定整机的主要依据,同时参考整机机构运行状况、维护保养情况等因素。评估结论分为合格、降级使用及不合格三种,应在综合设备的检查检测、维护修理、档案资料等情况的基础上确定。

9.4.2 关于降级的程度及相应的额定载重量降级范围,是根据长期检测、评估统计数据确定的。

10　报告与标识

10.0.1　检验报告应真实完整,能准确反映设备的检验工作。建议与结论应清晰明了,便于相关单位理解执行。

10.0.4　关于评估报告有效期,在《上海市建筑施工机械安全监督管理规定》(沪住建规范〔2020〕4号)中有相应规定。

10.0.6　当前很多检验及评估机构,出具的检验或评估报告采用了电子签章,此类签章应符合《中华人民共和国电子签名法》等法律法规的要求。

10.0.7　在工程实际中,建筑起重机械的标准部件如标准节等往往集中堆放,安装时可能发生混装现象。同时,评估中评定为报废的部件也不应继续使用。为将已评估部件和其他部件进行区分,并使评估工作具有可追溯性,评估机构应对评估设备的重要结构件进行标识,设备使用单位应对标识进行保护。